Der sparsame Gasverbraucher.

Praktische Winke

für die

Verwendung des Gases als Licht=, Wärme=
und Kraft=Quelle

von

Hugo Trebst

Gaswerksdirektor, Wilhelmsburg bei Hamburg.

Fünfte, vermehrte und verbesserte Auflage.

Mit 45 Textabbildungen.

München und Berlin.
Druck und Verlag von R. Oldenbourg
1911.

Vorwort zur 4. Auflage.

———

Von meinem Schriftchen „Der sparsame Gasverbraucher" sind bereits 17000 Exemplare in die Welt gegangen, ein Zeichen dafür, daß Aufklärungen über die vorteilhafteste Verwendung des Steinkohlengases den Gasverbrauchern sehr willkommen sind. Die vorliegende Auflage ist teilweise umgearbeitet und im Text mehrfach erweitert.

Allen denen, die mich bei Bearbeitung und Herausgabe des Schriftchens unterstützt haben, sage ich herzlichen Dank. Ich bitte, mir von Wünschen in betreff des Textes Kenntnis zu geben; ich werde dieselben dankbar entgegennehmen und bei einer Neuauflage nach Möglichkeit berücksichtigen.

Möge das Büchlein auch ferner dazu beitragen, über den sparsamen und wirtschaftlichen Gasverbrauch aufzuklären; denn ein solcher macht das Gas zur billigsten Licht-, Wärme- und Kraftquelle.

Wilhelmsburg, im Dezember 1909.

Der Verfasser.

Inhalts-Verzeichnis.

Die Leuchtgas-Industrie hat in den letzten Jahrzehnten einen ungeahnten Aufschwung genommen und ihren Einzug selbst in die Wohnung des „kleinen Mannes" gehalten. Die Hauptursache dieser ungeheueren Entwickelung liegt darin, daß das Gas nicht nur für Licht-, sondern auch für Wärme- und Kraftzwecke die ausgedehnteste Verwendung findet.

Bei einer solch außerordentlich schnellen und allgemeinen Verbreitung des Leuchtgases fehlt es dem Publikum naturgemäß an genügender Kenntnis der Gaseinrichtungen. Ganz besonders auffällig ist diese Wahrnehmung bei Eintritt der Hauptbeleuchtungszeit, im Spätsommer. Um diese Zeit laufen bei allen Gasanstalten Klagen über „schlechtes Brennen" ein. Und nach Ausweis zahlreicher Statistiken trägt hieran in den weitaus meisten Fällen weder mangelhaftes Gas noch geringer Gasdruck, sondern allein die Instandhaltung der Gasapparate die Schuld. Es dürfte daher angebracht sein, im nachstehenden über die Beschaffenheit und Instandhaltung von Leucht- und sonstigen Gasapparaten einmal etwas eingehendere Aufklärungen zu geben.

A. Leuchtgas.

1. Offene und Glühlichtbrenner.

Wenn irgendwo das Gas mangelhaft brennt, so muß man am zweckmäßigsten erst die Brenner selbst untersuchen. Bei den früheren sog. offenen Brennern (Schnitt- oder Rundbrennern) verbrannte das Gas direkt mit leuchtender Flamme, deren Leuchtkraft allerdings nur etwa den achten Teil des jetzt allgemein verbreiteten Auerlichtes betrug. Bei diesen Schnittbrennern war eine Instandhaltung so gut wie gar nicht erforderlich; sie wurden bei Defekten einfach ausgewechselt.

Der vor fast 15 Jahren von Auer von Welsbach erfundene Gasglühlichtbrenner, der nach ihm das „Auerlicht" genannt wird, ist dagegen etwas komplizierter; bei ihm wird dem Gase Luft zugeführt; dadurch wird weniger Gas verbraucht, aber die Heizkraft der Flamme erheblich vermehrt. Diese brennt ohne Glühkörper als „Bunsenbrenner" mit blauer Flamme und blaugrünem Kern, ist also selbst nicht leuchtend. Erst wenn der Glühkörper, ein mit seltenen Erdmetallen getränktes Pflanzenfasergewebe, aufgesetzt ist, wird dieser durch die Heizkraft der Gase zur Weißglut und damit zum intensiven Leuchten gebracht. Im nachfolgenden soll nun ein solcher Brenner in seinen einzelnen Teilen und dann die Reinigung desselben näher erläutert werden.

2. Einzelne Brennerteile.

Wie aus der Abbildung (Fig. 1) ersichtlich ist, hat der Auersche Glühlichtbrenner unten eine Brennerdüse (Fig. 2), welche oben in ein Plättchen mit fünf kleinen Löchern endigt; diese müssen je nach dem vorherrschenden Gasdruck von bestimmter Größe sein, um eine gewisse Gasmenge durchzulassen. Auf die Düse wird das Brennerrohr (Fig. 3), auch Düsenrohr oder Mischrohr genannt, aufgeschraubt, in dem 4 Löcher zum Ansaugen der erforderlichen Luft vorhanden sind. Beide zusammen werden nun mit dem Innengewinde der Düse so auf den Hahn geschraubt, daß sie auch den Schirmträger mit festhalten. Dann wird das Rückschlagtellerchen (Fig. 4), auch Durchschlagscheibe genannt, auf das Brennerrohr gelegt und die Brennerkrone (Fig. 5) mit Zubehör auf das Brennerrohr geschoben, so daß die Krone auf dem Tellerchen sitzt. Die Krone hat oben ein Sieb (Fig. 6), durch welches das Gas, gut mit Luft vermischt, austritt.

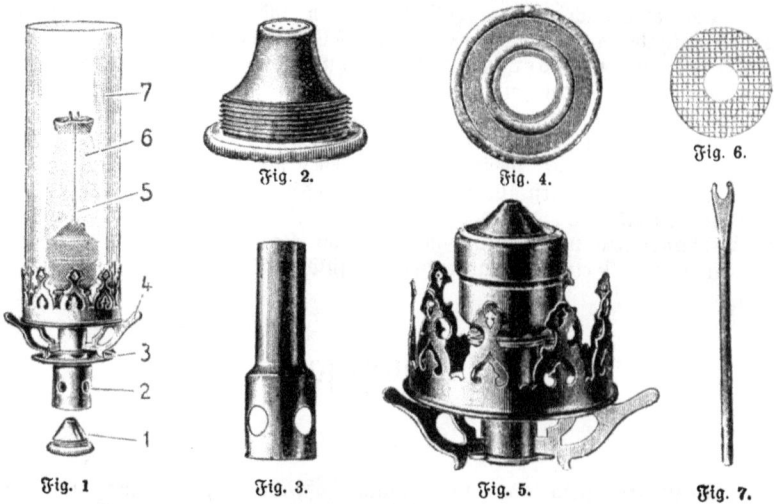

Fig. 2.   Fig. 4.   Fig. 6.

Fig. 1.   Fig. 3.   Fig. 5.   Fig. 7.

Nun wird der Glühkörperträger oder Tragstift (Fig. 7), welcher aus Magnesium, nicht aus Eisen sein soll, in der Mitte der Brennerkrone genau senkrecht und mittels Asbestfädchen so eingesetzt, daß er sich nicht bewegen kann. Der Stift soll nicht zu stramm sitzen, so daß man ihn später mit dem Fädchen gut herausziehen kann; bei lockerem und schrägem Sitz wird der Glühkörper infolge der einseitigen Erwärmung viel leichter zerrissen; hierbei zerspringt gewöhnlich der Glaszylinder; aus dem Grunde darf auch kein gebogener Stift verwendet werden.

3. Glühkörper und Zylinder.

Die Glühkörper, auch Strümpfe genannt, sind aus Garn (Ramie oder Seide) gewebt und mit Metallsalzen getränkt, die, nachdem das Garngewebe unter Gasdruck verbrannt ist, das Aschenskelett zusammenhalten. Dadurch entsteht ein feines und sehr empfindliches Gerippe, welches den nunmehr gebrauchsfertigen Glühkörper (Fig. 8) bildet. Um diesem Gerippe mehr Halt zu geben und ihn transportfähig zu machen, wird der Strumpf von den Fabriken mit einem Überzug von Schellack versehen; er wird heute fast nur noch in diesem Zustande, und zwar in Pappchülsen verpackt, verkauft. Da vielfach außerordentlich billige, natürlich auch minder= wertige Glühkörper und Zylinder auf den Markt kommen, so kaufe man nur an zuverläßigen Quellen, zumal die billigen Sorten meistens wesentlich mehr Gas verbrauchen als die besseren Fabrikate. Dasselbe gilt übrigens auch von den Brennern. Schlechte Glühkörper platzen leicht oder bauchen sich auf, schrumpfen zusammen oder geben ein rotes Licht. Auf keinen Fall dürfen Glühkörper in feuchter Luft aufbewahrt werden; auch verlieren sie durch längeres Lagern sehr an Güte. Die Asche verbrauchter Glühkörper hebe man ja recht sorgfältig auf, da man sie wegen ihres wertvollen Inhaltes an seltenen Erden gut ver= kaufen kann (je nach Marktlage 9 bis 15 M. pro Pfund); außerdem ist sie sehr gut zum Putzen von Silberzeug zu verwenden.

Fig. 8.

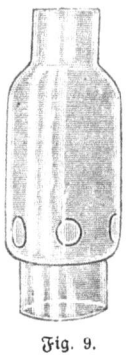

Fig. 9.

Der Zylinder wirkt saugend wie ein Schornstein auf das Gas= und Luftgemisch; deshalb werden die hohen Zylinder bevorzugt, weil sie eine höhere Leuchtkraft erzielen.

Am zweckmäßigsten sind für Innenbeleuch= tung die glatten Zylinder, während man für Straßenlaternen der höheren Haltbarkeit wegen meistens Lochzylinder (Fig. 9) verwendet. Bei diesen tritt die Verbrennungsluft seitlich durch die Löcher zum Glühkörper; die Luftzufuhr durch die Galerie von unten her muß also durch ein Luftabschlußblech innerhalb oder besser unterhalb der Galerie abgesperrt werden. Die Zylinder werden in allen möglichen Ausführungen, verziert und bunt, hergestellt und auch mit sog. Konargläsern und Autositschirmen (Schott & Gen., Jena) geliefert; bei letzteren ist der untere Teil aus Milchglas, so daß das Auge geschützt ist; der obere Teil ist aus Klarglas und strahlt das Licht gegen den Autosit= schirm, welcher es zerstreut nach unten wirft.

4. Reinigung der Brenner.

Wenn man bedenkt, daß Petroleumbrenner alltäglich vor jeder Be= nutzung, und zwar ganz gründlich und dabei umständlich, zu putzen sind, so ist es sicher nicht zu viel verlangt, wenn man einen Glühlichtbrenner jährlich wenigstens einige Male reinigen soll. Statt dessen wird er den ganzen Sommer über, wo er weniger benutzt wird, vernachläßigt, so daß er schließlich innen voll Staub, nicht selten auch voll Mücken und Fliegen ist. Gewöhnlich meint der Konsument, ein neuer Glühkörper werde Wandel schaffen; damit ist es aber nicht getan. Wer die großen Wohltaten der Gasglühlichtbeleuchtung genießen will, muß sich ab und zu der kleinen Mühe unterziehen und die Brenner reinigen und instand setzen, oder dies von sachverständiger Hand machen lassen.

Zwecks Reinigung eines solchen Brenners hebe man die Brenner= krone (Fig. 5) mit allem Zubehör (Stift, Strumpf, Zylinder) mit einem Griffe ab, stelle sie vorsichtig zur Seite und schraube auch das Brennerrohr mit der Düse ab. Das Düsenplättchen mit den fünf Löchern (Fig. 2) wird nun mittels Bürste gehörig gereinigt und durchgeblasen; nötigenfalls, wenn die Löcher verstopft sind, noch mit einer feinen Nadel (am besten aus Hart=holz) vorsichtig aufgebohrt, aber ja nicht zu stark; denn sonst erhält der Glühkörper zu viel Gas und zu wenig Luft. In diesem Falle müssen die Löcher von fachmännischer Hand mit einer besonderen Stanze wieder zu=geschlagen werden.

Um diese Umstände zu vermeiden, nimmt man am besten statt der gewöhnlichen Düse (Fig. 2) eine Regulierdüse (Fig. 10 und 11), bei welcher man den Gasverbrauch bequem während des Brennens durch Drehen eines Schräubchens (Fig. 10 s) regulieren kann. Der kreuzförmig durchschnittene Hohlzylinder h wird durch das Schräubchen s auf und nieder geschroben und dadurch mehr oder weniger Gas durchgelassen. Daß sich hierdurch ganz bedeutende Ersparnisse und die höchste Leucht=kraft erzielen lassen, liegt auf der Hand. Die nachträgliche sehr bequeme Anbringung solcher Dü=sen macht sich in kurzer Zeit be=zahlt. Man wähle gerade hier=bei nur das beste Fabrikat. Zur

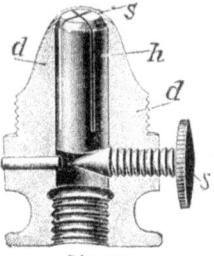

Fig. 10.

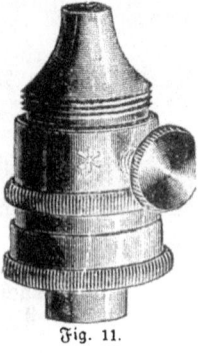

Fig. 11.

Regulierung der Luftzufuhr sind Düsenrohre mit Lochringen sehr emp=fehlenswert.

Ist die Brennerdüse wieder aufgeschraubt, so empfiehlt es sich, den Gasdruck zu untersuchen, indem man das Gas nach Öffnen des Lampen=hahnes an der Düse entzündet; brennt die Flamme lebhaft und rauschend. etwa 30 bis 40 cm hoch, dann ist Druck genug vorhanden. Andernfalls müssen an der Rohranlage weitere Untersuchungen von einem Fachmanne vorgenommen werden. Zuckt die Flamme auf und nieder, so ist Wasser in der Zuleitung oder Privatleitung, welches durch Fachleute beseitigt werden muß. Nach Aufschrauben des Düsenrohres (Fig. 3) legt man nun das Rückschlagtellerchen darauf; dieses soll verhindern, daß die Flamme beim Anzünden der Lampe vom Kopf der Brennerkrone in die Luftlöcher des Brennerrohres zurückschlägt, wodurch das Gas innerhalb des Brenner=rohres entzündet wird. Das Tellerchen darf also nicht vergessen werden, weil sonst der Glühkörper infolge des Zurückschlagens nicht hell leuchtet.

Man nimmt nun die Brennerkrone (Fig. 5) mit Zubehör in die linke Hand und hebt den Zylinder vorsichtig ab und danach den Glüh=körper, am besten mit einer langen Nadel oder einem Stück Draht, und läßt ihn frei oder in einem hohlen Gefäße hängen. Hierauf wird die Brennerkrone gründlich gereinigt; in erster Linie wird das obere Sieb (Fig. 6) mit einer kleinen scharfen Bürste tüchtig abgebürstet. Hier brennen sich mit der Zeit kleine Staubteilchen und Glühkörperabfälle fest; diese hemmen den Gasdurchtritt und verringern dadurch die Leuchtkraft; sie müssen mit einer Nadel entfernt werden, wenn die Bürste sie nicht fort=nimmt. Danach ist die Krone durchzublasen. Setzt man nun die leere Brennerkrone — ohne Glühkörper — auf das Brennerrohr, so muß beim Anzünden die blaue Flamme etwa die Form und Größe des Glüh=körpers und einen blaugrünen Kern dicht über dem Siebe haben.

Bei rötlich=brauner oder gelber Färbung ist die Gaszuführung zu groß oder ein Brennerteil noch verschmutzt. Ist das Siebchen (Fig. 6) defekt, so muß es nach Abschrauben des Specksteinringes (Fig. 12) ausgewechselt werden, nötigenfalls auch dieser Ring selbst, wenn er beschädigt ist. Denn es läßt sich wohl denken, daß das Gas aus solchen Löchern am leichtesten durchströmt und dadurch erst den Strumpf und dann den Zylinder an den getroffenen Stellen zerstört.

Fig. 12.

Die Gaszylinder reinigt man am besten, indem man sie anhaucht und dann mit einem trockenen Wollenlappen oder besser mit Ledertüchern nachreibt, wobei man auch etwas Spiritus oder Sodalauge verwenden kann. Die übrigen Glassachen (Tulpen, Schirme 2c.) werden naß gereinigt. Matte Glasglocken, die Ölflecke haben, muß man außen und innen tüchtig in lau= warmem Wasser waschen, in welchem Pottasche aufgelöst ist. Klagen über „schlechten Geruch“ des Gases sind wohl stets auf verbrannte Staubteilchen zurückzuführen, die sich durch die Zirkulation in und auf dem Brenner ablagern. Ganz besonders leidet unter dieser Staubablagerung die Leucht= kraft des Glühkörpers; man kann diese also erheblich aufbessern, wenn man den Staub entweder mit dem Munde oder mit dem Staubbläser (Fig. 13) vorsichtig abbläst; den letzteren kann man auch in den Luftlöchern des Düsenrohres ansetzen, um die Düse und das Brennersieb (Fig. 2 und 6) auszu= blasen. Dadurch wird vor allem auch der Staub vom Glühkörper entfernt. Dieser wird durch die Zufuhr frischen

Fig. 13.

Sauerstoffes nochmal „abgebrannt“ und gewinnt so an Leuchtkraft und Halt= barkeit. An Stelle eines Gummiblaseballes kann man auch mit einem Stück aufgerollten Papier hineinblasen. Solche kleinen Staubteilchen verursachen meist ein Knattern in der Flamme. Die gründliche Reinhaltung des Brenners ist also eine unerläßliche Forderung, die jedermann aus den angeführten Gründen anerkennen wird. Auch ist es wohl selbstverständlich, daß man alle Glasteile, besonders die Schirme, Zylinder, Reflektoren 2c. öfter gehörig reinigt; sonst kann nach Ausweis von Versuchen leicht der dritte Teil des Lichtes verloren gehen.

5. Aufsetzen der Glühkörper und Einstellen der Flamme.

a) Stehendes Glühlicht.

Wenn ein neuer Glühkörper aufgesetzt werden soll, so wird er behutsam aus der Papphülse genommen, ohne daß man ihn mit den Fin= gern drückt; am besten faßt man ihn mit einem Drahtende an der Asbest= öse heraus und setzt ihn vorsichtig ohne jeden Druck mit der Öse auf die Gabel des Tragstiftes. Sollte auf den Glühkörper ein Druck oder Stoß ausgeübt worden sein, so würde sich dieses nach dem Abbrennen des Schel= lacks sofort durch einen Riß bemerkbar machen. Der Strumpf soll mit seinem unteren Ende an dem Brennerkopf voll anliegen und oben nicht zylindrisch, sondern etwas kegelförmig geformt sein. Nun wird der Schel= lack von oben abgebrannt; beim Anzünden von unten aus könnten die kleinen Explosionen den Glühkörper zerstören. Jetzt öffnet man den Gas= hahn zur Hälfte, zündet das Gas an und hebt den Glühkörper ein wenig an, damit auch der untere Teil desselben geglüht und gehärtet wird. Nach dem Erkalten des Glühkörpers setzt man dann den Zylinder nach sorg= fältiger Reinigung vorsichtig auf, ohne den Glühkörper zu berühren, und zwar, durch entsprechendes Andrücken der Galerie, fest und senkrecht auf die Brennerkrone.

Die Brennerdüse muß so eingestellt sein, daß der Glühkörper voll leuchtet und der Tragstift möglichst nicht zu erkennen ist. Dies kann man nur erreichen, wenn Gas und Luft im richtigen Verhältnis gemischt sind.

Ein Zeichen für zu viel Gasverbrauch oder schlechte Gasmischung ist das Schwarzwerden des Glühkörpers, oder wenn bei kleiner gestelltem Lampenhahn der Glühkörper heller brennt, ferner wenn die Flamme saust oder zischt; auch wenn die gelb= oder blaurote Flamme über den Glüh= körper hinausschlägt; dies kann man am besten feststellen, indem man den Glühkörper so verdeckt, daß die oberste Spitze kaum noch zu sehen ist. Anderseits ist zu wenig Gaszuführung, wenn der Glühkörper schwach oder flackernd oder nur unten brennt, ferner wenn die Flamme leicht zurück= schlägt oder bei Abschließen einiger Luftlöcher heller wird; meist gibt die Flamme dann ein singendes, heulendes oder knatterndes Geräusch von sich. Das Verstopfen der Luftlöcher der Brennerrohre ist ein Notbehelf, der schnellmöglichst abgestellt werden muß. Wie schon bemerkt, lassen sich diese Übelstände am bequemsten während des Brennens durch die Regulierdüse (Fig. 10 und 11) beseitigen; denn die genaue Einstellung der Lochdüse (Fig. 2) ist sehr umständlich und zeitraubend (s. A 4). Das Regulieren durch die Düse empfiehlt sich schon deshalb, weil der Gasverbrauch einzelner Glühkörper verschieden ist. Man stellt sie nun so ein, daß bei möglichst geringem Gasverbrauch der Glühkörper so hell wie möglich leuchtet.

Schlägt die Flamme beim Anzünden zurück, so brennt das Gas schon unten in dem Brennerrohr, und der Glühkörper leuchtet nur schwach; dann ist der Lampenhahn zuzudrehen und danach das Gas wieder anzuzünden (nachsehen, ob Rückschlagtellerchen vorhanden und Brennerkrone fest dar= auf sitzt).

Wenn nun auch alle diese Handhabungen ziemlich umständlich er= scheinen, so sind sie doch in wenigen Minuten ausgeführt, vorausgesetzt, daß man den guten Willen und etwas Interesse dafür hat, einen Brenner gründlich zu untersuchen und besseres Licht für weniger Geld zu haben. Es mußten diese Vorgänge auch deshalb etwas ausführlicher be= schrieben werden, weil dies Schriftchen nicht für den Fachmann, sondern in erster Linie für den Laien bestimmt ist.

b) Hängeglühlicht.

Das Gasglühlicht mit stehendem Glühkörper erfuhr eine erhebliche Verbesserung durch das neuerdings eingeführte Hängeglühlicht (Fig. 14), welches das erstere wegen seiner bedeutenden wirtschaftlichen Vorteile vor= aussichtlich ganz verdrängen wird. Das ist leicht erklärlich, wenn man be= denkt, daß es sein Licht schattenlos nach unten wirft und bei bedeutender Gasersparnis noch erheblich größere Helligkeit erzielt. Auch läßt es sich durch seine eleganten und kunstvollen Formen leicht an jeder Krone anbringen und gereicht damit jedem Raume zur Zierde.

Beim Hängeglühlicht, auch Invertlicht genannt, gelten all= gemein dieselben Grundsätze wie beim stehenden Glühlicht, denn es ist nach demselben Prinzip gebaut, nur strömt hier das Gas von oben durch den

Schmutzfänger, d. i. durch die Gasregulierdüse mit anschließender Luft=
regulierung in das Mischrohr (Fig. 15), um unten aus dem Mundstück in
den Glühkörper zu treten. Im obersten Teile des Brenners (Fig. 14) ist
ein besonderer Schmutzfänger angebracht, weil sich beim Hängelicht noch
leichter störende Verunreinigungen (Naphthalin 2c.) festsetzen. Unter dem=
selben befindet sich also die schon erwähnte Regulierdüse, ähnlich wie
Fig. 11, nur nach unten gerichtet, mit einem möglichst handlichen Schräub=
chen; dieses Schräubchen dient zum Groß= und Kleinstellen der Flamme und
muß so eingerichtet sein, daß die blaugrüne Flamme sowohl zum Lang=
brennen als auch zum Verlöschen gebracht werden
kann. Die Luftzufuhr läßt sich durch ein Hebelchen
ebenfalls nach Bedarf regulieren. Das Mischrohr
endigt unten in ein Mundstück — wegen der Hitze
aus Magnesia gefertigt — mit Knaggen versehen,
welche den Glühkörper (Fig. 16) tragen.

  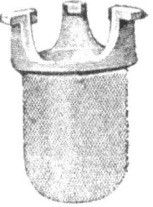

Fig. 14. Fig. 15. Fig. 16.

Das Gas wird nun durch den im Rohrnetz befindlichen Gasdruck
nach unten gedrückt, hat aber infolge seiner Leichtigkeit das Bestreben,
nach oben zu dringen; infolgedessen und weil das Gas, vermischt mit der
Verbrennungsluft, sich am erhitzten Brenner schon stark erwärmt, ist die
Leuchtkraft bei geringerem Gasverbrauch wesentlich höher. Allerdings ver=
langen diese Brenner auch etwas stärkeren und gleichmäßigeren Gasdruck
als das stehende Glühlicht. Die Gaszuführung muß mittels der Regulier=
düse so eingestellt sein, daß die Flamme — ohne Glühkörper — genau
die Form und Größe des Glühkörpers hat; und der Luftzutritt
ist so zu regulieren, daß die Flamme mit einem fast grünen, kegel=
förmigen Kern von 1¹/₂ cm Länge brennt.

Nach Abstellen der Flamme wird der Glühkörper vorsichtig eingehängt
und nach Einsetzen des Zylinders mit Streichhölzchen von unten abgebrannt.
Man achte darauf, daß bei Apparaten mit unten offenen Außengläsern
(Schalen, Schirme 2c.) birnenförmige Zylinder, und bei Apparaten mit
geschlossenen Außengläsern (Kugeln 2c.) Zugzylinder verwendet werden.
Nun wird der Gashahn geöffnet und das Gas über einer Abzugsöffnung
angezündet. Nach einigen Minuten, nachdem die Verbrennungsluft gut
vorgewärmt ist, reguliert man den Brenner durch Auf= und Zudrehen der
Regulierschraube so ein, daß der Glühkörper den höchsten Leuchteffekt
erzielt. Auch hier kann man die richtige Einstellung der Gaszufuhr kon=
trollieren, indem man den Glühkörper so verdeckt, daß die untere Spitze
eben nicht mehr zu sehen ist. Die blaue Flamme darf dann keinesfalls

2*

durch den Glühkörper hindurchschlagen; denn sonst wird zuviel Gas zu=
geführt, und es setzt sich am Mundstück und am Glühkörper sehr starker
Ruß ab; außerdem wird der Strumpf wie auch die Glasteile bald beschädigt.
Die Einstellung des Brenners wird am besten des Abends, zur Zeit der
stärksten Beleuchtung [vorgenommen, weil der Gasdruck tagsüber meist
niedriger ist. Eine öftere gründliche Reinigung

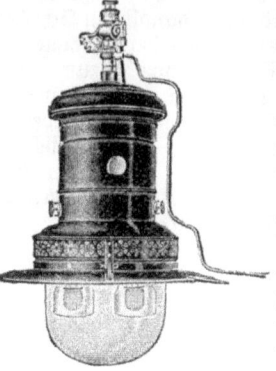

des Invertbrenners ist deshalb vorzunehmen,
weil sich die Luftdüsensiebe wie auch die Schmutz=
fänger leicht durch Staub verstopfen; mit dem
„Staubbläser" (Fig. 13) kann man eine ober=
flächliche Reinigung leicht und ohne Mühe
vornehmen. Falls der Apparat abgenommen
ist, achte man darauf, daß die oberen Abzugs=
öffnungen nicht unter einen Lampenteil zu
stehen kommen.

Bei Außenlampen (Fig. 17) mit
mehreren Flammen ist jeder Brenner für sich
durch eine besondere Regulierdüse von außen
regulierbar. Da sie den Witterungsunbilden
und dem Straßenstaube mehr ausgesetzt sind,
erfordern sie eine sorgfältige Instandhaltung.

Fig. 17.

6. Störungen in der Gasanlage.

Sollte ein Brenner trotz aufmerksamer Behandlung und trotz aller
Untersuchungen nicht richtig brennen, so ist es möglich, daß Hemmnisse irgend=
welcher Art in der Lampe selbst, in der Gasleitung oder auch im Haus=
einlaß vorliegen, welche dann nur von einem Fachmanne beseitigt werden
können; ebenso für den Fall, daß der Gasmesser, z. B. bei zu hoher Be=
anspruchung oder dergleichen, die Schuld tragen sollte. Man benachrichtige
daher sofort das Gaswerk, da je nach den Bodenverhältnissen Rohrbrüche oder
Erdsenkungen vorgekommen sein können, die nicht so schnell gefunden werden.
Brennen in einem Hause nur eine oder etliche Flammen schlecht, die übrigen
aber gut, so liegt es wohl nur an den betreffenden Brennern; andernfalls,
besonders wenn sämtliche Flammen im Hause schlecht leuchten oder gleich=
mäßig zucken, ist die Störung in der Hauptstraßenleitung zu suchen. Oder
es liegt daran, daß eine in der Nähe befindliche Gasmotorenanlage nicht
in Ordnung ist. Unter anderem kann auch bei einer Lampe der Gashahn
mit Hahnfett verstopft sein; bei älteren Leitungen setzen sich häufig mit der
Zeit Rost und Staub an, die sich am tiefsten Punkte der Steigleitungen
ablagern und diese verengen; ferner kann sich Wasser oder Naphthalin an=
setzen, namentlich wenn Gasleitungen in ungenügender Stärke plötzlich aus
warmen Räumen in kalte geführt werden. Naturgemäß stellen sich Stö=
rungen gewöhnlich im Herbst ein, wenn die Anlagen in Betrieb genommen
werden sollen, nachdem sie den Sommer über unbenutzt gewesen sind.

7. Abonnement.

Falls sich der Konsument oder einer seiner Angehörigen nicht selbst
mit der Instandhaltung seiner Brenner befassen kann, so geht er am besten
auf ein Abonnement ein; er soll sich dann aber unter allen Umständen nur
an einen unbedingt zuverlässigen und tüchtigen Installateur, am besten an
das Gaswerk selbst wenden, welches derartige Abonnements meisten=

teils übernimmt und jedenfalls bei weitem das größte Interesse an einer ordentlichen Beleuchtung hat. Wie überaus wichtig solche regel= mäßig wiederkehrenden Untersuchungen von Fachleuten sind, beweisen erst kürzlich vorgenommene genaue Erhebungen; es wurde dadurch im Durch= schnitt 25 %, in mehreren Fällen sogar 75 % besseres Licht erzielt.

8. Auswahl der Brenner, Lampen, Zubehörteile etc.

Je nach dem Lichtbedürfnis wird man auch die Größe und Art des Brenners wählen, und zwar wird größtenteils verwendet der Normal, glühlichtbrenner mit ca. 60 bis 90 Kerzen Lichtstärke; für Schlafräume= Küchen ꝛc. genügt der 40 kerzige Juwelbrenner und für Flure, Gänge ꝛc. der 20 kerzige Zwergbrenner mit entsprechend geringerem Gasverbrauch.

Die Starklichtbrenner mit 100 und mehr Kerzen Lichtstärke werden neuerdings wohl vollständig verdrängt durch das Hängeglühlicht, wel= ches bei geringem Gasverbrauch eine wesentlich höhere Leuchtkraft erzielt. Infolge seiner großen Vorteile wird man das Invertlicht auch sonst, wo nur angängig, bevorzugen; es dürfte wie kein anderes dazu berufen sein, das Licht der Zukunft zu werden.

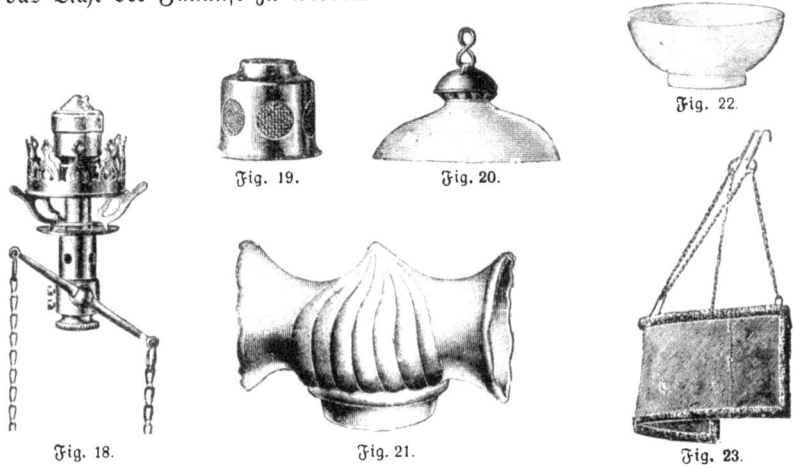

Fig. 22.   Fig. 19.   Fig. 20.   Fig. 18.   Fig. 21.   Fig. 23.

Nicht unerwähnt wollen wir den Auerbrenner mit Zündflämmchen (Kleinsteller) lassen (Fig. 18); er ist für solche Räumlichkeiten zu empfehlen, die vorübergehend gebraucht werden, also in Wohn= und Speisezimmern, auch in Gängen und Klosetts. Auch das Hängelicht läßt sich mit Kleinstellung einrichten. Das Zündflämmchen braucht nur etwa $1/_{20}$ des vollen Gas= verbrauches, so daß sich hierdurch eine große Ersparnis erzielen läßt. Ob es tagsüber abzustellen ist, wird man besser für jeden einzelnen Fall ent= scheiden. In staubigen Betrieben (Mühlen ꝛc.) schützt man die Düse vor Staub, indem man über das Brennerrohr eine Schutzhülse mit Drahtsieb (Fig. 19) bringt; auch hat man sonst noch geeignete Wind= und Staub= schutzvorrichtungen verschiedener Art. Die über den Flammen befindlichen Metallteile sind durch Blacker (Fig. 20) zu schützen, bei besseren Kronen setzt man außerdem zwei= oder dreiteilige Rauchfänger (Fig. 21) auf die Zylinder.

Alle Repräsentationsräume, Salons und Speisezimmer, vor allem natürlich Restaurants u. dgl. müssen allenthalben in hellem Lichte erstrahlen, wobei jedoch das Auge nicht geblendet werden darf. Neuerdings legt man viel Wert auf verteilte Lichtquellen, die ziemlich hoch angebracht sind. Dazu eignet sich das Invertlicht ganz besonders. Wohn=, Rauch= und Schreibzimmer müssen eine gedämpfte Beleuchtung haben, weil sie viel behaglicher wirkt; das

Fig. 24.

Fig. 25.

Licht ist hier durch Fransenschirme, Augenschützer (Fig. 22) oder Vor=hängeschirme (Fig. 23) zu zer=streuen bzw. abzublenden und soll nur den Tisch oder das Buch gut erhellen. Auch sind die Farben der Gläser (Schirme, Tulpen rc.) Fig. 24 — 26) gut abgestimmt zu wählen: außer Weiß eignen sich besonders Grün, Rot und Gelb, jedoch nur in helleren Nuancen; denn dunkle wie auch sehr dicke oder stark geätzte Gläser nehmen häufig 50% und mehr Licht weg, ebenso wie Metallschirme. Bei Tulpen für stehendes Licht achte man ja darauf, daß dieselben nicht ohne Raftel (Fig. 27) auf=gesetzt werden, weil sie sonst nicht festsitzen und leicht den Zylinder zerschlagen können. Schreibtische sind entweder durch allseitig be=wegliche Wandarme oder durch Tischlampen zu erleuchten, die durch Metallschläuche mittels Ver=schraubungen angeschlossen sind. Bei einfachen Arbeitstischlampen und Wandarmen verwendet man gerne die sog. Mikaschirme.

Fig. 26.

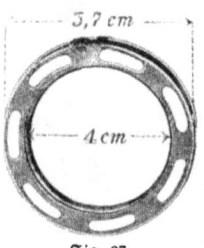

— 5,7 cm —

— 4 cm —

Fig. 27.

Bei Schaufensterbeleuchtung achtet man gegenwärtig besonders darauf, daß die Waren hell beschienen sind, während das Licht selbst dem Beschauer möglichst wenig auffällt; im übrigen wird man bei derartigen Anlagen

Fig. 28.

besser gute Fachleute heranziehen, ebenso wie bei Beleuchtung von Unterrichts= und Zeichensälen, wofür sich das indirekte Licht mit großem Erfolg bewährt hat. Das Beschlagen der Fenster, das sog. Schwitzen, wird dadurch vermieden, daß sie von unten aus durch kleine Flämmchen erwärmt werden.

Kurz erwähnen wollen wir noch die Selbst= und Fernzünder, welche namentlich seit Einführung der Zünd=holzsteuer einen ganz bedeutenden Aufschwung erfahren haben. Neben Zündungen, welche auf chemischer oder elektrochemischer Wirkung (Seneta) beruhen, sind es vor allem die elek=trischen Zündungen (Multiplex), welche als ab=solut sicher wirkend gelten können. Diese vereinigen in sich die Annehmlichkeit und Bequemlichkeit der Elektrizität mit der Billigkeit des Gaslichtes.

Neuerdings haben sich auch die Fernzündungen mit Zündflämmchen mit recht gutem Erfolg eingeführt, so u. a. die Luftdruckzündungen, bei denen mittels einer kleinen Luftpumpe ein Konus die Schaltung besorgt; ferner

die Askania=Zündung, bei der ein Schwimmer durch eine sinnreich kon=
struierte Hahnschaltung betätigt wird.

Doppelarme, Kronen usw., welche seitlich gedreht werden können,
müssen unbedingt kräftige Kugelbewegungen (Fig. 28) erhalten. Wohn=
zimmerlampen werden zweckmäßig mit einem Stopfbüchsenzug mit Gegen=
gewichten (Fig. 29) versehen, um sie in verschiedener Höhe halten zu können.
Lampenzüge mit Wasserverschluß sind zu verwerfen. Man vermeide Er=
schütterungen beim Hoch= und Niederschieben der Zuglampen, wenigstens
solange der Glühkörper glüht.

Zur Umänderung teurer Petroleumlampen in Gas=
glühlampen gibt es geeignete Vorrichtungen, und zwar
Verbindungen durch Metallschläuche oder Stopfbüchsen,
welche am Deckenauslaß mit Hahn und Kettchen zu
versehen sind; noch besser ist es, ein schwaches Rohr von
der Decke bis in Brennerhöhe zu führen und hier hinter
einem Hahn den Schlauch anzuschließen.

Es würde zu weit führen, auch auf die Intensiv=
und Preßgasbeleuchtung näher einzugehen, wes=
halb diese Arten nur erwähnt werden sollen; man erreicht
durch Verstärkung des Schornsteinzuges bzw. des Gas=
druckes erheblich höhere Lichtstärken. Die Leuchtkraft und
die Wirtschaftlichkeit dieser Brenner wachsen mit dem Gas=
drucke, so daß sie auch den modernsten elektrischen
Bogenlampen in jeder Hinsicht überlegen sind.

So ist eine bahnbrechende Neuerung die Speisung
der Hängelicht-Außenlampen mit Preßgas. Sie werden
schon mit Lichtstärken von 5000 Hefnerkerzen hergestellt,
und zwar mit einem minimalen Gasverbrauch von
ca. 0,45 Liter für die Hefnerkerze und Stunde.

Die neueste Errungenschaft ist die Starklicht=
lampe für gewöhnlichen Gasdruck. An jede Gas=

Fig. 29.

leitung kann eine 1000 kerzige Niederdrucklampe bei nur 600 l stündl. Gas=
verbrauch ohne weiteres angeschlossen werden. Ein kleinerer Typ ist die
600 kerz. Lampe mit 400 l Verbrauch. Beide Lampen haben eine unerreichte
Ökonomie, erfordern fast keine Unterhaltung und sind ganz leicht zu bedienen.

B. Kochgas.

Als mit Erfindung des Auerlichtes die außerordentlichen Vorzüge
des „Bunsenbrenners" mehr und mehr darauf hinwiesen, das Gas zu
Koch= und Heizzwecken zu verwenden, und namentlich die Elektrizität in
Konkurrenz mit dem Gaslichte trat, wurde es immer klarer, daß das Gas
in erster Linie zur Wärmeerzeugung berufen war. Heute ist das
Kochen und Heizen mit Gas derart verbreitet, daß es sich wohl erübrigen
dürfte, noch näher auf dessen ungemein vielseitigen Vorzüge einzugehen;
nur kurz seien erwähnt: die größte Reinlichkeit und Bequemlichkeit,
Ersparnis von Kohlentransport und Arbeitslohn, Unabhängigkeit vom
Dienstpersonal, Gebrauchsbereitschaft zu jeder Stunde, bequemste Regu=
lierung der Hitze je nach Wärmebedarf, sparsamer und billiger Betrieb
und vieles andere mehr. Nehmen wir z. B. folgendes an: 1 Kocherbrenner
von 250 l stündlichen Gasverbrauch bringt 1 l Wasser in 8 Min. zum Kochen,
braucht also 35 l = 0,035 cbm. Bei einem Kochgaspreise von 14 Pfg.
pro Kubikmeter beträgt er demnach 0,49, also kaum $1/_2$ Pfg. Um das

Waſſer kochend zu erhalten, braucht man aber nur 20 bis 25 l Gas pro Stunde. Man bedenke dagegen, welchen geringen Heizwert 1 Brikett im Werte von 1 Pfg. hat, ferner, daß zu Kohlenfeuer noch Holz gebraucht wird, und daß es stundenlang, zeitweiſe nutzlos, unterhalten werden muß. Kurz geſagt, das Kochgas kann keinesfalls mehr als Luxus des reichen Mannes angeſehen werden; man muß im Gegenteil ſagen, daß bei den heutigen enormen Preiſen für Feuerungsmaterialien jeder Hausvater eine große wirtſchaftliche Nachläſſigkeit begeht, wenn er ſich die Vorteile des Gaſes nicht zu eigen macht. Denn es erfüllt allein alle die Bedingungen, die man vom wirtſchaftlichen und geſundheitlichen Stand= punkte aus an ein gutes Heizmaterial ſtellen muß.

In richtiger Erkenntnis dieſer hohen wirtſchaftlichen Aufgabe werden von den Gasanſtalten die weiteſtgehenden Erleichterungen für den Bezug von Kochgas geboten, ſo z. B.: billigerer Gaspreis oder koſtenloſe Gaseinrich= tungen gegen Miete oder durch Gasautomaten, Wegfall oder Ermäßigung der Uhrenmiete oder Abzweig der Küchenleuchtflamme zum Kochgaspreiſe und dgl. mehr, je nachdem die örtlichen Verhältniſſe liegen. Es ſollten daher auch die Hausfrauen ſelbſt dafür ſorgen, ſich durch Einführung von Koch= gas in ihrer Hauswirtſchaft zu entlaſten, um ſo Zeit für ihre anderen Verpflich= tungen — der Familie gegenüber oder für Nebenerwerb — zu gewinnen. So= viel auch hierüber ſchon geſprochen und geſchrieben worden iſt, immer noch gibt es Leute, die aus Vorurteil oder getreu dem Geſetze des Beharrungsver= mögens an ihrem alten Herde feſthalten, ſei es nun ein Kohlenherd, ein Spiritus= oder ein Petroleumkocher. Die letzteren beiden ſind bekannter= maßen ſehr gefährlich und außerdem um die Hälfte oder gar doppelt ſo teuer im Betriebe, ſo daß ſich ein Gasherd in kurzer Zeit bezahlt macht.

Allgemeine Leitſätze für Auswahl und ſachgemäße Handhabung der Kochapparate können bei der großen Verſchiedenheit derſelben und bei den vielſeitigen Anſprüchen nicht gegeben werden. Jede Gasanſtalt gibt gerne bereitwilligſt Auskunft hierüber. Größeren Apparaten werden meiſt ge= druckte Anweiſungen von den Lieferanten beigegeben.

Man ſehe ja darauf, ein wirklich gutes Fabrikat zu be= kommen; denn die Mehrkoſten gegenüber einem billigeren und minder= wertigeren können in kurzer Zeit beim Gasverbrauch geſpart werden. Die Anpreiſung als „Sparbrenner" bei unbekannten Fabrikaten iſt jedenfalls mit größter Vorſicht aufzunehmen.

1. Brenner.

Die zu Kochapparaten verwendeten Brenner ſind ſämtlich Bunſen= brenner mit entleuchteter Flamme, welche nicht rußt und eine viel höhere Temperatur erreicht als die Leuchtflamme. Das Gas tritt hier ebenſo wie beim Glühlichtbrenner durch eine Düſe D in das Düſen= rohr R (auch Brennerrohr oder Miſchrohr genannt), in welchem die Luft angeſaugt und mit Gas gemiſcht wird, ehe beides in den Brennerkopf K tritt (Fig. 30); darüber iſt der herausnehmbare oder beſſer durch Schrau= ben befeſtigte Brennerdeckel B. Das Gas ſoll in jeder Flammen= ſtellung kurz mit blauvioletter Flamme und einem inneren ſcharf begrenzten blaugrünen Kern brennen; es darf dabei nicht ſtark rauſchen, ſondern nur lebhaft ſprudelnd brennen. Nur dann brennt die Flamme richtig ruß= und geruchfrei und gibt die beſte Hitze ab. Jeder Gaskocher muß hiernach gegebenen Falles vom In= ſtallateur an Ort und Stelle daraufhin geprüft bzw. eingeſtellt werden, und zwar die Düsenöffnung ebenso wie die Ausströmungsöffnung am Brennerdeckel entsprechend größer oder kleiner. Bei einer Gaseinrichtung mit mehreren Brennern müssen probeweise sämtliche Auslässe geöffnet und die Brenner angezündet werden; brennen sämtliche Flammen gleichzeitig nicht lebhaft und voll, so ist die Zuleitung zu eng und muß untersucht bzw. verstärkt werden.

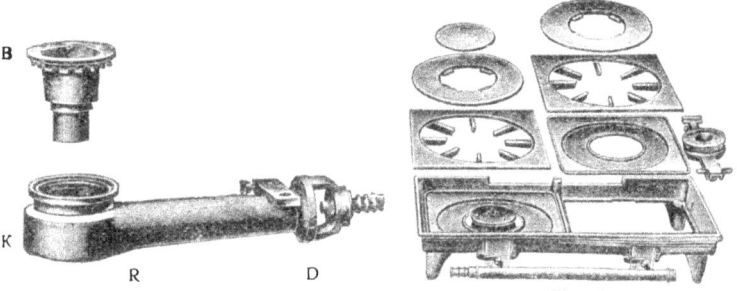

Fig. 30.   Fig 31.

Auch hier wie beim Glühlichtbrenner brennt die Flamme rötlich, gelb, violett oder gar mit leuchtenden Spitzen, wenn sich Staub oder sonstige Unreinlichkeiten im Brennerrohr befinden; auch ist sie dann lang= gestreckt und hat einen verschwommenen Kern. Die Flamme hat also zu wenig Luftzuführung und verursacht üblen Geruch und das Anrußen der Töpfe. Durch gründliches Reinigen des Brenners wird der Übelstand gehoben. Es ist deshalb gut, wenn alle Teile eines Brenners wie auch des Kochers bequem auseinander genommen werden können (Fig. 31) und zwar von jedem Laien. Auch wenn der Kochtopf zu nahe auf dem Brenner sitzt, tritt zu wenig Luft an die Flamme, so daß sie mangelhaft brennt. Ist im Gasgemisch zu viel Luft, also zu wenig Gas enthalten, so brennt die Flamme zwar auch mit blaugrünem Kern, hat aber weniger Heizkraft und schlägt sehr leicht zurück. In diesem Falle ist die Düse vom Installateur entsprechend zu erweitern.

Im übrigen gilt von der Reinigung der Kocher dasselbe, was von den Glühlichtbrennern gesagt wurde. Peinliche Reinlichkeit ist die erste Hauptbedingung, und zwar nicht bloß im äußeren Ansehen, sondern vor allem im Innern, in der Düse, im Brennerrohr ꝛc. Es sollte jeder seinen Kocher im eigensten Interesse öfter reinigen, was in wenig Minuten geschehen kann: Alle losnehmbaren Teile werden abgenommen und gründlich trocken gereinigt, vor allem natürlich die Brennerdeckel, und zwar am besten mit einer harten Bürste, besonders auch die Bodenbleche; denn die Speisereste, übergelaufene Milch (Milchsäure) u. a. greifen auch das stärkste Eisen an und fressen es mit der Zeit durch; man vergesse nicht, die untere Seite der Platten zu reinigen, sonst vergasen die Fetttropfen beim Erhitzen und geben einen üblen Geruch, der für die Köchin gerade kein schmeichel= haftes Zeugnis abgibt. Wenn die Messingstange mit den Brennerdüsen leicht zu lösen ist, werden die Düsenlöcher mit einem spitzen Hartholz von allem Schmutz gesäubert, ebenso das Brennerrohr mit einem um= wickelten Stück Draht, wobei der Schmutz natürlich nicht im Brennerkopf sitzenbleiben darf. Nur die am Kochergestell befestigten Teile werden mit heißem Sodawasser tüchtig abgebürstet und danach gut trocken gerieben. Um das Rosten zu vermeiden, wird der Kocher mit Ausnahme des Brenner=

3

kopfes nach Bedarf mit einem öligen Lappen (kein Petroleum) sauber abgerieben, die Gußteile bestreicht man mit Graphit, Enameline u. dgl. und bürstet sie glänzend; die blanken Metallteile poliert man in bekannter Weise. Man achte darauf, daß beim Putzen der Messingsachen die Brenner= düse nicht verstopft wird.

Brenner mit zusammenhängenden Flammenkränzen haben sich im allgemeinen nicht so gut bewährt wie solche mit vielen einzelnen Flämmchen

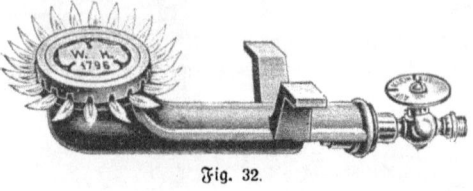

Fig. 32.

(Sternbrenner). (Fig. 32.) Bei mehrstelligen Kochapparaten empfiehlt es sich, Brenner mit verschieden großen Durchmessern zu wählen, um Töpfe von verschiedener Größe erhitzen zu können.

Die sog. Doppelbrenner (Fig. 33 und 34) verbinden diesen Vor= teil, indem ein innerer und ein äußerer Flammenkranz nach Bedarf für sich allein benutzt oder beide zugleich gebrannt werden können. Hier dient die schnellheizende große Flamme zum Ankochen und die gassparende

Fig 33. Große Flamme zum Ankochen.

Fig. 34. Kleine Flamme zum Weiterkochen.

kleine Flamme zum Weiterkochen. Die Flamme kann also allen wech= selnden Bedürfnissen angepaßt werden, ohne Gas zu verschwenden, weil sich der jeweils erforderliche Wärmegrad am vollkommensten mit solchen Brennern einstellen läßt.

2. Kochapparate.

Man unterscheidet Apparate mit offenen, mit teilweise geschlossenen und mit ganz geschlossenen Kochplatten, ferner je nach Anzahl der Koch= stellen Ein=, Zwei= und Dreilochkocher usw.

Während Einlochkocher seltener und zwar meist da verwendet werden, wo man heißes Wasser nur ab und zu gebraucht, genügt ein offener Zweilochkocher schon, um bei bescheidenen Ansprüchen ein einfaches Mittag= essen zu bereiten.

Bei offenen Kochern (Fig. 35) werden die Gefäße nur direkt über dem Brenner erhitzt; die ganze Hitze (nicht etwa die Flamme selbst) kann also das Gefäß umspülen, und letzteres wird nicht so leicht von der um= gebenden Luft abgekühlt; bei aufmerksamer Bedienung kann auf diese Weise äußerst sparsam gekocht werden. Man wird offene Kocher also da anwenden, wo man Speisen usw. möglichst schnell erhitzen will.

Bei teilweise geschlossenen Kochern wird die ganze Kochplatte oben erwärmt, so daß man ähnlich wie beim Kohlenherd auf derselben kochen und die Töpfe verschieben kann. Diese Kocher hat man nun noch vervollkommnet, indem man sie auch unterhalb des Brenners durch Platten abgeschlossen hat (Fig. 31). Bei diesen ganz geschlossenen Kochern

Fig. 35.   Fig. 36.

kann die Wärme nicht nach unten entweichen, wird also besser ausgenutzt, und zwar zum Anwärmen oder zum Fortkochen der schon angekochten Speisen. Eine weitere erhebliche Verbesserung ist die Anordnung sog. „Wärmeroste" (Fig. 36). Bei diesen Kochern sind hinter den Brenner=ringen in der Kochplatte offene Aussparungen angeordnet, aus denen die

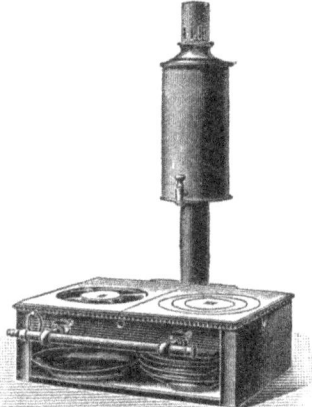 

Fig. 37.   Fig. 38.

von den vorderen Brennern überschüssige Hitze nach hinten herauszieht, um zur Erwärmung anderer Speisen zu dienen. (Siehe B. 3. Kochregeln!) Werden solche Kocher noch mit den obenerwähnten Doppelsparbrennern ausgerüstet, so kann man die größtmöglichste Ausnutzung des Gases er=zielen, weil man gleichzeitig ankochen, vorwärmen und weiterkochen kann.

Diese Kocher genügen infolge ihrer Vielseitigkeit schon für einen klein=bürgerlichen Haushalt, während für etwas größere Ansprüche ein Brat=ofen erforderlich ist. Weiteres hierüber siehe Abschnitt 5.

Fig. 37 stellt einen 2flammigen „Askaniakocher" mit Tellerwärmer und Warmwassergefäß dar; Fig. 38 einen 3flammigen geschlossenen Kocher „Prometheus" auf eisernem Tischchen mit Tellerwärmer.

Damit ist erst ein kleiner Teil aller nur möglichen Arten und Zu=sammenstellungen angeführt.

3. Kochregeln, Kochtöpfe etc.

Man entzündet die Flamme erst einige Augenblicke nach dem Öffnen des Gashahnes, damit die in der Leitung und dem Brenner befindliche Luft entweichen kann und hält dann das brennende Streichholz nicht dicht an den Brenner, sondern etwas darüber. Enthält das Gemisch von Gas und Luft noch nicht genügend Gas, dann schlägt die Flamme zurück, d. h. sie brennt schon an der Düse im Düsenrohr (Fig. 30 R); dann ist sie zu löschen und erst nach einigen Sekunden wieder anzuzünden. Erst nach Entzünden der Flamme sollen die Kochtöpfe auf die Kochstellen gesetzt werden.

Für das Kochen gilt als Hauptregel: Man setze den Topf genau mitten auf das Kochloch und gebe nur zum Ankochen die volle Hitze; sobald nach etwa 5 bis 10 Minuten der Inhalt zum Sieden gebracht ist, stelle man aber den Hahn sofort, aber langsam und vorsichtig, auf „Klein". Diese Kleinstellung richtet sich danach, wie das Gericht gekocht werden soll, was durch Abheben des Koch= deckels hin und wieder zu kontrollieren ist. Die Gasersparnis bei dieser Kochweise ist erstaunlich, denn zum Weiterkochen genügt dann etwa der sechste Teil des vollen Verbrauchs. Das Gas, welches zur Überhitzung des Inhalts gebraucht wird, ist nur unnütz vergeudet, denn die Speise kocht deshalb nicht schneller. Man vermeide daher jedes unnötige Wärmen von Ringen oder Platten und gebe jedem Topfe ge= rade nur soviel Hitze, als nötig ist.

Am zweckmäßigsten und billigsten geschieht das An= kochen der Speisen auf offener Flamme. Wird z. B. bei Gas= kochern mit Wärmerosten (Fig. 33 und 35) nur eine Speise zum Kochen gebracht, so läßt man die ganze Hitze direkt an den Topf treten, indem derselbe auf die umgedrehten, nach oben stehenden Rippen= ringe des vorderen Kochloches gestellt wird, die ganze übrige Platte bleibt also kalt. Sollen dagegen zwei oder mehr Töpfe erhitzt werden, so wird auf das vordere Kochloch ein Topf gesetzt, der größer ist als die Öffnung des Kochringes; die überschüssige Hitze wird dadurch gezwungen, nach dem hinteren Wärmerost zu ziehen, so daß auf diesem ein oder auch mehrere Töpfe zum Vorwärmen oder Weiterkochen aufgesetzt werden können. Ist nun der vordere Topf angekocht, so werden beide Töpfe umgewechselt; der erstere kocht dann hinten weiter, sofern er nicht übermäßig groß ist, und der hintere vorgewärmte Topf wird auf dem vorderen Kochloch in kürzester Zeit zum Sieden gebracht. Die Ersparnis ist also bedeutend. Die Gasflamme soll den Kochtopf nicht umspülen, sondern nur den Boden des= selben erhitzen. Am besten ist es, wenn der Flammenkranz etwa ⅔ des Bodendurchmessers groß ist. Die Töpfe sollen also möglichst breit und weniger hoch sein, um die Hitze besser auszunutzen. Sie sind zuzudecken, damit die Wärme besser zusammengehalten wird, falls das Kochrezept es nicht anders vorschreibt.

Im Interesse größerer Reinlichkeit und wegen besseren Abschlusses verwendet man lieber Töpfe, bei denen der Deckel nicht über den Rand greift, sondern innerhalb desselben aufliegt. Heißes Wasser zum Auf= waschen 2c. erhält man kostenlos, wenn man 2 Töpfe übereinandersetzt; während im unteren Topfe Speisen gekocht werden, benutzt man den oberen Wasserkessel als Deckel für den unteren Topf. Der aus demselben auf= steigende Dampf erhitzt das obere Gefäß in ganz kurzer Zeit. Auch wird eine ſparſame Hausfrau die erhitzten Töpfe vor Zug und vor Abkühlung ſchützen (ſ. Kochkiſte) und von ſelbſt daran denken, im Winter das vielleicht recht kalte Waſſer vor dem Ankochen einige Zeit im Zimmer anwärmen zu laſſen. Man vermeide ſchon deshalb Zugluft in der Küche, weil die kleingeſtellten Flammen ſonſt leicht verlöſchen oder zurückſchlagen; deshalb überzeuge man ſich ab und zu, ob ſie noch richtig brennen.

Als geeignete K o ch g e ſ ch i r r e ſind Aluminiumgeſchirre mit breitem Boden zu empfehlen, beſonders für ſchnellkochende Speiſen: ſie ſind von faſt unbegrenzter Haltbarkeit und brauchen wegen der dünnen Wandungen wenig Gas. Beim erſtmaligen Gebrauch koche man Milch darin, um ein Anlaufen zu verhüten; dieſe Töpfe reinigt man nicht mit Soda u. dgl., auch darf man kein Waſſer darin ſtehen laſſen. Nickel= geſchirre ſind ebenfalls ſehr vorteilhaft; zum Dünſten und zum Schmoren nehme man ſolide Emailletöpfe und zum Braten gußeiſerne emaillierte Kaſſerollen mit gut ſchließendem Deckel oder ſchmiedeeiſerne flache Pfannen; zum Suppentopf eignet ſich am beſten ein Dampfkochtopf mit Sicherheits= verſchluß. (Bietigheimer Dampfkochtöpfe Ch. Umbach ſind rühmlich be= kannt.) Unterlagen mit Asbeſteinlagen oder Spiralen aus Draht oder Rohr ſchützen gegen das Anbrennen der Speiſen und ſchonen das gute und teure Emaillegeſchirr; allerdings geht dadurch auch Wärme verloren. Zum Schutze der hölzernen Tiſchplatten ſetzt man die Kocher auf Unterlagbleche mit Asbeſteinlagen.

Die ſo ſchwer regulierbare Kohlenfeuerung hat es mit ſich gebracht, daß die Speiſen im allgemeinen v i e l z u ſ ch n e l l e r h i tz t werden; da= durch wird das F l e i ſ ch t r o ck e n und d u n k e l, weil unmöglich alle Faſern ſo ſchnell aufgelöſt werden können. Langſam gekochtes Fleiſch iſt dagegen ſaftig und hell. Auch entweichen der Suppe, dem Ge= müſe ꝛc. durch ſtark wallendes Kochen die Nährſalze und das Aroma; man kann dieſe nur durch verhältnismäßig niedrige und gleichmäßige Hitze im Gericht erhalten. Keine andere Feuerungsart iſt aber imſtande, die gewünſchten Wärmemengen ſo ſicher, bequem und billig herzu= ſtellen wie das Gas!

4. Die Kochkiſte.

Ein neuer großer Freund iſt der Gasküche in der Kochkiſte erſtanden; denn es läßt ſich damit eine ganz bedeutende Gaserſparnis erzielen, die jeder Gasverbraucher mit Freuden begrüßen wird. Die Kochkiſte dient bekanntlich dazu, den Topf vor Abkühlung zu ſchützen und die einmal erzeugte Wärme in den Speiſen ſtundenlang zu erhalten. Die Wirkung kann man ſchon ausprobieren, wenn man einen heißen Topf mit einer Zeitung oder beſſer noch mit einem geſtrickten Topfwärmer dicht umgibt. Infolge ihrer großen Vorzüge iſt die Kochkiſte zu großen Kochſchränken ausgebildet, die als Wärmeſpeicher wirken. Der Gasherd geſtattet im Ver= ein mit der Kochkiſte die denkbar größte Ausnutzung der Heizgaſe, weil die Wärmequelle beim Gasherd nach dem Vorkochen ($^1/_4$ bis $^1/_2$ Stunde) ſofort abgeſtellt und die Speiſe dann zum weiteren Kochen in die Kochkiſte eingeſetzt werden kann. Man achte nur darauf, daß die Töpfe mit gut ſchließendem Deckel verſehen und möglichſt nicht unter $^3/_4$ voll angeſetzt werden; auch dürfen ſie 5 bis 10 Minuten vor dem Einſetzen nicht mehr geöffnet werden, weil ſonſt die Dämpfe entweichen würden. Die Hausfrau kann alſo ſchnell und mit geringer Mühe die Mittagsmahlzeit morgens kochen und in die Kochkiſte ſtellen, um ſie dann mittags heiß, ſaftig und weich

gekocht zu entnehmen, oder sie kann auch mittags das Abendessen mit=
kochen; ein Überkochen oder Anbrennen der Speisen ist gänzlich ausge=
schlossen. Fleisch darf allerdings nicht zu langsam gar werden, damit es
kein rotes Aussehen bekommt. Diese Art des Kochens ist ohne Zweifel
die billigste, die man sich nur denken kann. Und sie ist auch dazu be=
rufen, das Kochgas in immer weitere Kreise einzuführen und ihm nament=
lich auch in den minder bemittelten Klassen neue Freunde zu erwerben.

5. Brat= und Backöfen.

Soll ein Gasherd für den gesamten Familienhaushalt ausreichen,
so daß er einen vollständigen Ersatz für den Herd mit Kohlenfeuerung
bietet, so muß er zum Braten und Backen eingerichtet sein. Wegen der
feinen Regulierfähigkeit der Hitze kann man mit Gas bekanntlich am
schnellsten, bequemsten und billigsten braten und backen. Der einfachste
Apparat dieser Art ist eine Brathaube (ohne eigenen Brenner), die man

Fig. 39.

auf einen Kocher mit Wärmerost oder Askaniakocher setzt und nach Ge=
brauch wieder entfernt. Zweckmäßiger allerdings und für starken Gebrauch
entschieden zu empfehlen ist ein Bratofen, der durch ein Abzugsrohr mit
dem Schornstein fest verbunden ist. In Fig. 39 ist ein Germania=Universal=
Gasherd mit abnehmbarer Brathaube und ebensolchem Längsbrenneraufsatz
abgebildet; er hat 3 Kochlöcher mit Wärmestellen und einen Aufsatz zum
Plättenerhitzen; die Teller können auf oder in dem Bratofen erwärmt
werden. Dieser Herd ist also trotz seiner geringen Größe sehr vielseitig zu
verwenden. Einen vollen Ersatz für den Kohlenherd finden wir im Germania=
Haushaltungsherd (Fig. 40), welcher ebenfalls zum Kochen, Braten, Teller=
wärmen und Plätteisenerhitzen eingerichtet und außerdem noch mit einer Wasser=
pfanne versehen ist. Fig. 41 zeigt uns einen Familiengasherd mit 6stelliger
Kochplatte, mit Wärmeraum und 2 Bratschränken darunter; links seitlich
ist eine Abstellplatte, rechts ein Langbrenner mit Wasserschiff angeordnet.

Ein weiterer Fortschritt in den Gaskocheinrichtungen ist der Back=
und Bratschrank, auch Selbstbrater genannt. Bei dieser Brat=
methode fallen kostspielige Zutaten an Butter 2c. fort. Das Fleisch brät
auf dem Roste im eigenen Safte, bedarf keines Begießens und ist in kürzester
Zeit fertig gebraten; es wird also sehr wenig Gas verbraucht. Nur die

Flamme ift je nad) Gebraudysanweifung zu regeln. Der von dem Fleifch-
ftück abtropfende Saft und das Fett werden in einer Schale aufgefangen
und zur Herftellung der Sauce benukt. Die Braten werden ungleid) beffer
als in den Bratröhren der Kohlenherde.

Eine in den lekten Jahren fehr beliebte Ausführung ift der kombi=
nierte Gas= und Kohlenherd, welcher mit einem Kohlen= und einem
Gasabteil mit Wafferfchiff, Wärmefchrank ufw. ausgerüftet ift und die An=
nehmlichkeit und Nüklichkeit beider Kodyarten in fidy vereinigt. Jedoch fcheint
diefe Art nur eine Übergangsform zu fein, welche dem reinen Gasherd
weichen wird, fobald die Allgemeinheit den Segen der Gasheizung voll
und ganz erkannt hat. Man nehme nur anerkannt erftklaffiges Fabrikat;
denn von den Ofenfekern werden beim Einbau von Gasbrennern in
Kohlenherde meift unrationelle Brenner eingefekt, noch dazu häufig nidyt
fadygemäß.

Größere Gasherde mit Brat= und Backöfen find zwecks guter Ab=
führung der abziehenden Heizgafe unbedingt an einen Schorn=
ftein anzufchließen. (Siehe C 1 und 3.)

Bei Benukung der Bratöfen 2c. beachte man, daß die Gasflamme
erft einen Augenblick nach Öffnen des Brennerhahnes angezündet werden
foll, damit fidy Gas und Luft innig mifchen können, andernfalls fchlägt die
Flamme zurück. Beim Braten wird die Bratröhre vor Einbringen der
Pfanne erft etwa fünf Minuten lang mit voller Flamme angeheizt
(Droffelklappe bleibt offen), dann der Braten, nachdem er in der üblichen
Weife vorbereitet ift, in die Bratröhre eingebracht und etwa 10 Minuten
mit voller Flamme angebraten. Hierbei gerinnt das in der äußeren
Fleifchfchicht befindliche Eiweiß und bildet eine zarte bräunliche Krufte,
infolgedeffen bleibt der im Fleifche enthaltene Saft eingefchloffen, und das
Fleifch ift fchmackhaft, zart und leicht verdaulich; durdy andauernde zu
fcharfe Hike kann der Braten außen anbrennen, wodurch die äußere
Eiweiß zur ftarren riffigen Hornhaut wird; der Fleifchfaft entweicht, und
der Braten wird innen trocken. Die weitere Behandlung des Bratens
richtet fidy nach der jeweiligen Vorfchrift refp. nach dem Kochrezept; es

wird bei fast kleiner Flamme weitergebraten. Bei flachen Braten hilft man der Oberhitze durch Einschieben eines Bleches über dem Braten nach. Bei den neuen „Askania"=Bratöfen sind sehr zweckmäßige Einrichtungen getroffen, damit die Unterhitze abgeschwächt und die Oberhitze erhöht wird, ohne daß ein Oberhitzblech nötig wäre. Die Bratpfanne selbst soll nicht zu hoch und nicht zu breit sein.

Beim Backen heizt man dieselbe Bratröhre erst ca. 5 Minuten mit voller Flamme an, bis sich ein hineingelegtes Stück weißes Papier schnell kaffeebraun färbt, stellt dann die Flamme ganz klein, bringt das Backblech mit der Kuchenform ein und bäckt nun mit kleiner bis mäßiger Flamme die vorgeschriebene Backzeit. Erst gegen Ende verstärkt man die Hitze zum Bräunen des Kuchens. Bei flachem Kuchen schiebt man ebenfalls ein Oberhitzblech ein oder setzt ihn hoch in den Ofen, um die Oberhitze besser und die Unterhitze schwächer wirken zu lassen.

Damit der Kuchen nicht zu trocken wird, stellt man zweckmäßig ein kleines Blechgefäß mit kochendem Wasser vorn in die Röhre. Um den Kuchen oder die Speise vor dem „Anbrennen" zu schützen, legt man zur Sicherheit einen Schamottestein unter das Schutzblech. Will man den Brat= ofen nach dem Braten oder Backen als Wärmeröhre benützen, so schließt man die Drosselklappe, welche meist am Abzugsstutzen der Bratröhre angebracht ist. In allen anderen Fällen ist sie zu öffnen, weil sonst der Bratendunst nicht austreten und der Sauerstoff der frischen heißen Luft von unten her den Braten oder den Kuchen nicht umspielen kann; der eigenartige köstliche Wohlgeschmack würde damit verloren gehen.

Eine sparsame Hausfrau wird natürlich die Hitze des Bratofens nach Möglichkeit ausnutzen; so wird sie z. B. auf der Brathaube Wasser oder Speisegeschirr anwärmen oder fertige Speisen warmhalten. Ferner kann man je nach der Hitzeentfaltung die auf der offenen Flamme ange= kochten Nebengerichte, Gemüse, Suppe 2c. in die Bratröhre mit einstellen und dort weiterkochen lassen.

Es empfiehlt sich, bei größeren Herden Gaskochbücher zu benutzen, welche eine vorzügliche Unterstützung in der Gasküche bieten und meist von den Fabrikanten mitgeliefert werden.

Ein großer, bisher noch wenig beachteter Vorteil des Brat= und Back= ofens darf nicht unerwähnt bleiben: man kann ihn auch als Heizofen be= nutzen. Und zwar schiebt man alle Bleche und Roste ein, schließt auch die Herdplatten und heizt bei geöffneter Backofentür, so daß die Küche in kurzer Zeit mollig erwärmt ist; nach Schließen der Ofentür hält die im Herde aufgespeicherte Wärme noch lange an, welche natürlich zum Warm= halten von Speisen, zum Austrocknen fertiger Wäsche u. dgl. ausgenützt werden kann.

Eine ganz gründliche Reinigung des Bratofens nach jeder Be= nutzung ist eigentlich selbstverständlich; solange er noch warm ist, wird er mit Zeitungspapier ordentlich ausgewischt und trockengerieben; auch die Backbleche sind leicht einzufetten, die Gußteile mit Graphit u. dgl. glänzend zu bürsten. Verzinnte Teile dürfen nicht mit scharfen Gegenständen ab= gekratzt, sondern nur mit Schmierseife und heißem Sodawasser tüchtig ge= bürstet werden.

6. Verschiedene Gasapparate.

Wie schon bemerkt, lassen sich in Grillpfannen und Fleischröstern Beefsteaks, Kotelettes, Würstchen 2c. ohne jede Zutat von Butter oder Schmalz zubereiten; das Fleisch wird in seinem eigenen Saft geröstet und dadurch äußerst schmackhaft; in Fleischröstern kann man außerdem noch Backwaren, selbst Marzipan herstellen; sie werden leider noch viel zu wenig benutzt.

Einen ganz vorzüglichen Braten auf offener Gasflamme liefert der Spießbrater, welcher mit einer Vorrichtung zum Drehen des Spießes versehen ist. Von der Unmenge aller sonstigen Gasapparate für hauswirt= schaftliche und industrielle Zwecke sollen nur noch die Thermen, Kaffee= röster, Wärmeschränke, Backapparate für den Hausbedarf und Kon= ditoreien, Erhitzer für Lötkolben und Brennscheren ꝛc. erwähnt werden. Man sieht schon hieraus, wie ungemein vielseitig die Verwendung des Gases ist, und wie weite Kreise es sich infolge seiner Vorzüge zu Freunden gemacht hat.

7. Gasplätten.

Selbst die beste Gasanlage würde nicht vollständig sein, wenn sie nicht eine Plätteeinrichtung aufweisen könnte; diese soll im nachstehenden ausführlicher besprochen werden.

Die Gasplätten erfreuen sich neuerdings immer größerer Beliebtheit wegen ihrer Bequemlichkeit, Reinlichkeit und vor allem wegen ihres billigen Betriebes. Bei den Gasplätten brennt das Gas wie bei den Kochappa= raten mit entleuchteter Flamme; das Gas strömt also durch eine Düse in ein Mischrohr, in welchem die Luft angesogen wird. Sie sind ebenso zu behandeln wie Gaskocher.

Da diese Flammen nie rußen, erhitzte man anfänglich die Plätten über einem entleuchteten Langbrenner; es stellte sich aber bald heraus, daß die Plättfläche nicht mit den Heizgasen in Berührung kommen darf. Diese greifen mit der Zeit das Eisen an und beeinträchtigen die feine Blätte der Lauffläche; außerdem müssen solche Eisen wegen Überhitzung öfter gewechselt werden. Deshalb nimmt man hohle Plätten und erhitzt sie an der Innenseite der Lauffläche. Die entleuchtete Flamme schlägt also durch den Hohlraum der Plätte hindurch und berührt die Sohle von innen. Die Verbrennungsprodukte ziehen aus zwei Öffnungen an der Spitze der Plätten ab. Die schräge Lage schützt den oberen Teil und den Griff der Plätte vor zu starker Erhitzung. Ein Fallblech verhindert den Durchzug bei Benutzung der Plätten und damit vorzeitige Abkühlung derselben. Durch Einsetzen der Plätte in einen Mantelerhitzer oder eine Kippvor= richtung wird die Lauffläche sehr wirksam gegen Wärmeverluste geschützt. Durch alle diese Vorzüge wird also ein sehr geringer Gasverbrauch erzielt und dadurch ein billiger Plättenbetrieb ermöglicht.

Einrichtungen zum Erhitzen der Plätten lassen sich mit geringen Mehrkosten fast bei allen Kochapparaten ohne weiteres anbringen. Fig. 42 zeigt z. B. eine Plätte mit Innenheizung auf einem Einlochkocher. Zweck= mäßiger sind jedoch besondere Erhitzer. So hat sich der Plättenerhitzer mit Kippvorrichtung (Fig. 43) als besonders geeignet für den Familien= gebrauch erwiesen.

Die ältesten und wohl auch am meisten verbreiteten Gasplätten sind diejenigen von der Zentralwerkstatt Dessau.

Für größeren Bedarf gibt es natürlich auch doppelte und mehrfache Erhitzer; für Plättereien, Waschanstalten ꝛc. hat man Plättbatterien mit besonderem Dunstfang, welche am zweckmäßigsten in ca. 1,20 m Höhe an der Wand befestigt werden. Für gewerbliche Zwecke werden seitlich er= hitzte Plätten und Wendebügeleisen verwandt, die wechselweise an den Seiten bzw. an der Oberseite erhitzt werden.

Der Gashahn ist je nach dem Drucke so einzustellen, daß bei den hohlen Plätten die Flammenspitzen nicht oben aus der Plätte herausschlagen. Das Gas soll auch hier mit straffer, blau= violetter Flamme mit blaugrünem Kern brennen. Dies wird reguliert durch Einstellung der Düsenöffnung und durch eine Hülse, welche über dem Mischdüsenrohr verschiebbar, zwecks Zuführung von mehr oder weniger Luft, angebracht ist. Schlägt die Flamme beim Anzünden ins Brennerrohr zurück, so ist sie sofort zu löschen und nach einigen Augenblicken wieder anzuzünden. (Siehe Kochregeln.)

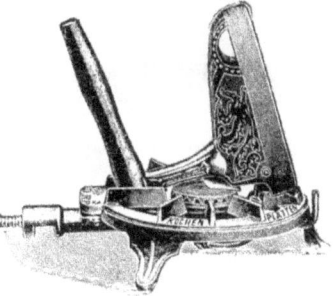

Fig. 42.   Fig. 43.

Es darf keinerlei Geruch durch die verbrauchten Abgase entstehen, andernfalls liegt ein Fehler in der Installation vor, der un= bedingt abzustellen ist. Wird in einem Raume längere Zeit geplättet, so ist dieser natürlich öfter zu lüften. Beim ersten Anheizen muß jede Plätte sengend heiß gemacht werden, was je nach Größe derselben 8 bis 12 Minuten dauert; selbstverständlich ist darauf zu achten, ob das Fall= blech auch zurückgefallen ist, damit die Flamme ins Innere treten kann. Nach dem Anheizen kann die Flamme bedeutend kleiner gestellt werden, da sich die Hitze in den Plätten sehr lange hält.

Zu jedem Erhitzer gehören 2 Plätten. Sofort nach dem Heraus= nehmen der ersten Plätte bringt man die zweite auf die Flamme, damit das Gas nicht unbenutzt entströmt. Würde man zu demselben Erhitzer noch eine dritte Plätte nehmen, so würde diese sich nur jedesmal an der Luft abkühlen. Die Plättapparate sind zeitweise mit wollenem Lappen zu reinigen, die Brenneröffnungen nach häufigem Gebrauch von Staub u. dgl. durch Ausschütteln zu befreien, nötigenfalls ist auch die Brennerdüse vorsichtig mit dünnem Draht zu durchfahren. Den Handgriff, die Form und das Gewicht der Plätte wählt man möglichst so, wie man es bisher gewöhnt war.

8. Absperrhähne und Schläuche.

Während kleinere Gaskocher oft durch bewegliche Schläuche mit der vorhandenen Gasleitung verbunden werden, erfolgt dies bei Gasherden, Bratöfen ꝛc. nur durch feste Verbindung mittels schmiedeeiserner Röhren. In beiden Fällen ist unbedingt ein Absperrhahn einzuschalten, der nach dem Kochen immer geschlossen werden soll; denn die kleinen Brennerhähne dienen hauptsächlich zur Regulierung, werden daher leicht undicht, zumal sie der Erhitzung mehr ausgesetzt sind, und bleiben auch wohl aus Unachtsamkeit offen. Großer Wert ist auf beste Beschaffenheit der Schläuche zu legen; das Gummi darf nicht porös (gasdurchlässig), nicht brüchig oder sonst leicht reißbar sein. Man nimmt daher besser umsponnene oder Metallschläuche mit Gummimuffen, sie können nicht so leicht geknickt und auch nicht durch die heiße Herdplatte beschädigt werden; sehr gute Verbindungen sind die Schlauchanschlußstücke, die in Gewinden festzuschrauben sind (Sicherheitskuppelungen). Sehr zweckmäßig sind auch die Sicherheitshähne, die mit Bajonettverschluß versehen und so eingerichtet sind, daß der Schlauch erst abgenommen werden kann, wenn der Hahn geschlossen ist.

Die zur Verwendung kommenden Hähne und Schläuche müssen genügend Lichtweite haben, keinesfalls darf der innere Durchmesser unter 7 mm sein. Ebenso sind die Zuleitungsrohre nicht unter 13 mm Lichtweite auszuführen, bei Bratöfen und größeren Herden 2c. mit wenigstens 20 mm.

Die Schlauchtüllen, auf welche die Schläuche gesteckt werden, ölt man ab und zu gut ein, damit letztere nicht so leicht abgenutzt werden, namentlich wenn sie häufig abgenommen werden müssen. Am besten werden die Schläuche in den Rillen der Schlauchhahntüllen festgebunden, damit sie nicht so leicht abgleiten können. Der Gummischlauch hält sich besser, wenn man ihn zeitweise mit Glyzerin einreibt; etwa durchdringender Gasgeruch wird dadurch verhindert, daß man den Schlauch mit Asphaltlack (einer Auflösung von Asphalt mit Terpentinöl) bestreicht.

C. Heizgas.

Die Gasheizung hat leider noch immer nicht die allgemeine Verbreitung, die sie infolge ihrer ungemeinen Vorzüge verdient; deshalb sei darauf hingewiesen, daß sie namentlich zur Erwärmung selten und vorübergehend benutzter Räume oder als Ergänzung bestehender Heizanlagen nicht nur viel bequemer sondern auch billiger ist als jede andere Heizung; besonders gilt dies bei den jetzigen hohen Preisen für Feuerungsmaterialien aller Art. Dabei erfordert sie keinerlei Wartung und Bedienung; mit einem Griff hat man die volle Heizwirkung, die ebenso leicht regulier= oder ganz abstellbar ist. Ruß, Rauch sowie Lagerung und Transport von Brennmaterial fallen gänzlich fort.

Man geht daher schon jetzt dazu über, die Sammelheizungen (Warmwasser 2c.) bedeutend kleiner anzulegen und bei besonders starker Kälte die Gasheizung als Ergänzung oder aber bei der kühlen Übergangszeit allein zu benutzen. Natürlich muß hierauf schon bei Projektierung eines Neubaues seitens des Architekten weitmöglichst Rücksicht genommen werden. Und zwar handelt es sich hierbei hauptsächlich um sachgemäße Anlage der Schornsteine zur Abführung der Abgase.

1. Abführung der Rauchgase.

Die Abgase müssen unter allen Umständen gut abgesogen werden, weil sie sonst nachteilig auf die Gesundheit einwirken können. Hierin wurde bisher am meisten gesündigt, und hier liegt wohl auch die Hauptschuld, daß man zuweilen noch eine gewisse Abneigung gegen die Gasheizung hat.

Sorgt man nun außer für einen guten Abzug auch noch für eine gute Lüftung durch Einführung frischer Luft (möglichst von derselben Temperatur wie die unteren Luftschichten), so hat man die idealste Heizung, die man sich denken kann.

Man sehe darauf, daß die Schornsteine nicht in eine stark abgekühlte Umfassungsmauer zu liegen kommen. Sie brauchen erheblich weniger Lichtweite und auch nicht so starken Zug zu haben wie die sonst gebräuchlichen Rauchrohre; ein alter Erfahrungssatz schreibt für das Abzugsrohr den 20fachen Querschnitt der Gaszuleitungsrohre vor (z. B. bei 19 mm Lichtweite 90 mm Durchmesser). Jedoch soll jeder Gasofen möglichst seinen eigenen Schornstein haben, der aber nicht bis zum Keller hinuntergeführt werden darf. Auch soll, falls das Kodenswasser vor Eintritt der Abgase in den Schornstein nicht abgelassen werden kann, am Fuße des letzteren ein Wasserfang mit Kasten angebracht werden, aus welchem das sich niederschlagende Wasser möglichst selbsttätig abfließt oder abgelassen werden kann.

Biegungen und rauhe Schornsteinwandungen sind wegen Vergrößerung der Zugwiderstände natürlich zu vermeiden; zweckmäßig verwendet man glasierte Tonrohre oder verbleite Eisenblechrohre. Bei kleinen Heizöfen kann man den Abzug auch direkt ins Freie führen, jedoch nur an windgeschützten Stellen. Das Ofenabzugsrohr darf nach dem Schornstein zu nicht verengt werden. Bei schlechtziehenden Schornsteinen bringt man eine Lockflamme am Fuße derselben an und versieht den Schornstein mit einem guten, festen Aufsatz. Aus dem gleichen Grunde wärmt man einen kalten Schornstein bei Inbetriebsetzung des Heizofens durch „klein" brennende Flammen vor; übrigens ein Fall, den unsere lieben Hausfrauen auch bei anderen Heizungen berücksichtigen können. Auch erzielt man gute Wirkungen durch Abzugsregulatoren, welche zugleich die Windstöße auffangen.

2. Gasheizöfen.

Bei den Gasöfen werden meist leuchtende Flammen verwendet, wodurch einmal die strahlende Wärme derselben ausgenutzt und dann ein Zurückschlagen und Verlöschen der Flammen verhütet wird. Durch

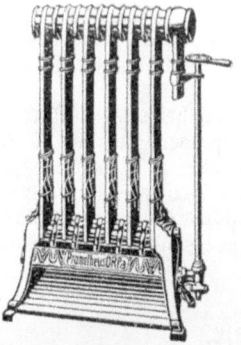

die strahlende Wärme, wie man sie in erster Linie mit Reflektoröfen erzielt, wird namentlich die untere Luftschicht bzw. der Fußboden gut gewärmt. Bei sog. Radiatoröfen (Fig. 44) und Säulenöfen wird die schnelle Erwärmung der Räume teils durch Strahlung, teils durch eine lebhafte Zirkulation erzielt. Eine Hauptanforderung an einen guten Gasofen ist die schnelle Erwärmung des Raumes bei Erhaltung einer gleichmäßigen Temperatur und einer guten Zimmerluft, also eine sichere, vom Schornsteinzug unabhängige Wirkungsweise; sodann eine dauerhafte Konstruktion. Sehr zweckmäßig ist die Anbringung von Sicherheitshähnen oder von Außenzündungen, bei denen sich der Gasaustritt erst öffnet, wenn der Brenner in das Ofeninnere gedreht wird.

Fig. 41.

Bei Anwendung von kräftigen Kückenhähnen sind lange Hebelgriffe und ein beiderseits begrenzter Anschlag notwendig. Dadurch wird wohl jedwede verkehrte Bedienung und Unachtsamkeit zur Unmöglichkeit gemacht.

Die neuerlich hergestellten Wandheizöfen haben den Vorzug, daß sie keine Bodenfläche beanspruchen, weil sie in beliebiger Höhe und sehr bequem am Gasrohr an der Wand befestigt werden können. Der rückwärts gezogene Reflektor bestrahlt den Fußboden, wodurch eine gleichmäßige Erwärmung des ganzen Raumes erzielt wird. Sie werden in geschmackvoller Form und Ausrüstung hergestellt und haben sich wegen ihrer Vorzüge schnell eingebürgert. Sehr rasch beliebt gemacht haben sich die sog. Schnellheizer durch ihren billigen Preis und die außerordentlich bequeme Montage; namentlich sind sie eingeführt in Läden und Schaufenstern, Gängen und Nebenräumen.

3. Bedienung der Heizöfen.

Zum Anheizen läßt man die Flamme erst „klein", dann nach etwa 5 Minuten „groß" brennen und stellt sie nach dem Durchwärmen wieder „klein". (Man rechnet z. B. zum Erwärmen eines Raumes von ca. 50 cbm Inhalt auf 20° C etwa $1/2$ cbm Gas pro Stunde, zum Weiterheizen nur die Hälfte.) Niemals darf man den Gashahn aufdrehen, ohne vorher das Streichholz zu entzünden und an die Brenner zu halten. Rußen die Flammen, so ist entweder der Gasdruck zu hoch, oder die Abgase können nicht genügend entweichen. Dann ist der Gashahn kleiner zu stellen oder der Schornstein, wie schon gesagt, vorzuwärmen. Selbstverständlich müssen Zuleitung, Gasuhr usw. genügend groß sein, weil sonst der Ofen seine höchste Heizkraft niemals erreichen kann; die Flammen müssen also groß genug brennen. Bei leuchtenden Flammen soll sich eine klare, begrenzte helleuchtende Flamme über dem nichtleuchtenden Kern der Flammenwurzel bilden; sie dürfen nicht trübe und unruhig brennen und sich nicht in die Länge ziehen. Entleuchtete Flammen müssen ebenso wie bei den Gaskochern mit blauer Farbe und einem inneren, scharf begrenzten blaugrünen Kern brennen.

Man achte ja darauf, daß ein Gasheizofen vor Beginn jeder Heizperiode gründlich von dem Staube gereinigt wird, welcher sich auf und in dem Ofen (Innenwerk oberhalb des Brenners) abgelagert hat und beim Heißwerden verbrennt; sonst entsteht ein unangenehmer Geruch, der oft für Gasgeruch gehalten wird. Wenn man nicht zum Innenwerk gelangen kann, läßt man den Ofen etwa eine Stunde lang bei guter Durchlüftung voll brennen, bis der Geruch aufhört. Auch muß der Reflektor gut blank gehalten werden; er läßt sich leicht mit Putzpomade unter Zusatz einiger Tropfen Petroleum abreiben.

4. Gasbadeöfen.

Zu jeder Zeit und überall, für die Küche, zum Waschen, zum Baden, in der Krankenstube, bei Ärzten, Friseuren usw. wird heißes Wasser gebraucht, zum Vorteil für Gesundheit und Wohlbehagen, im Gewerbe zur Vervollkommnung des Betriebes. Die Heißwasserversorgung kann aber nur dann zur Wohltat werden, wenn sie billig ist. Hierzu ist Gas die wirtschaftlich beste Feuerung; sie hat solch große Vorzüge, daß man wohl sagen kann, der Gasbadeofen hat das Baden im Hause erst populär gemacht. Die notwendige Badegelegenheit — je bequemer und billiger, desto besser — ist sofort geschaffen, wenn nur ein kleiner Baderaum mit einfacher Brausevorrichtung vorhanden ist. Deshalb sollten die Architekten versuchen, ein solches Baderäumchen von ca. 1 qm Größe auch in die bescheidenste Wohnung einzubauen, vielleicht im verlängerten Klosett. Hier kann mit ganz geringen Kosten ein **Heißwasser-Wandapparat mit Brausevorrichtung** angebracht werden, zumal Wasserleitung und Fallrohr vorhanden sind. Der Fußboden muß allerdings wasserdicht hergestellt und mit geringem Gefälle nach dem Bodenablauf versehen werden. Dann ist bei einem geringen Kostenaufwand ein warmes Brausebad in wenigen Minuten bereitet. Für etwas weitergehende Ansprüche ist ein Badeofen mit Wanne erforderlich; dieser sollte in einer bürgerlichen Wohnung heute überhaupt nicht mehr fehlen. Es haben sich nun die Gasbadeöfen und Schnellwassererhitzer infolge ihrer ungemeinen Vorzüge überraschend schnell verbreitet; letztere werden hauptsächlich zur sofortigen Lieferung geringer Mengen warmen Wassers benutzt. In Küchen, welche nur Gas verwenden, darf ein solcher Heißwassererhitzer schon deshalb nicht fehlen, weil er heißes Wasser viel schneller und billiger liefert als der Kochgasbrenner.

Den Gasbadeöfen älteren „offenen" Systems sind die neueren „geschlossenen" Systeme vorzuziehen, wenn sie auch ein wenig teurer sind. Man sehe bei diesen immerhin mehr oder weniger kostspieligen Apparaten nur auf tadelloses Material und beste Konstruktion und wende sich daher bei Auswahl wie bei der Montage nur an einen tüchtigen und zuverlässigen Fachmann; deshalb erübrigen sich ausführlichere Hinweise.

Bei Benutzung eines Badeofens ist streng darauf zu achten, daß **stets erst der Wasserhahn, dann der Zündflammenhahn und zuletzt der Gashahn** geöffnet wird. Nach Gebrauch wird **erst der Gashahn, dann der Zündflammenhahn** zugeschlossen. Bei neueren Konstruktionen wird die Öffnung der Hähne in richtiger Reihenfolge durch **einen Griff** bewirkt, wodurch Irrtümer ausgeschlossen sind. Selbstverständlich muß jeder Gasbadeofen an einen Schornstein angeschlossen sein; im übrigen gilt bezüglich der Abführung der Abgase, der Flammenbildung usw. das schon unter C 1, 2 und 3 Gesagte. Um auf alle Fälle sicherzugehen, ist es besser, wenn bei jedem Gasbadeofen eine **kurze Gebrauchsanweisung** mit Sicherheitsvorschriften augenfällig angebracht wird. (Lüftung siehe S. 35).

Es ist vorteilhafter, das Wasser durch richtige Regulierung der Wasser- und Gaszufuhr so zu erwärmen, wie es verbraucht werden soll; man soll also nicht heißes Wasser machen und durch Zusatz von kaltem Wasser die Temperatur ermäßigen. Das Erhitzen des Wassers über 40°C ist schon deswegen unrationell, weil sich bei diesen hohen Temperaturen Kesselstein ansetzt. Die Entfernung desselben kann nur vom Installateur vorgenommen werden.

In besseren Häusern hat man die Warmwasserversorgung ganzer Häuser oder einzelner Stockwerke durch selbttätige Erhitzer mit Gasfeuerung von einer Stelle aus schon in vielen Fällen eingerichtet. Solche zentralen Warmwasserversorgungen lassen sich in beliebigen Größen für jede Leistungsfähigkeit herstellen; der Gasverbrauch reguliert sich ganz nach dem Wasserverbrauch und der gewünschten Temperatur vollständig selbsttätig ohne jede Bedienung; es kann hierbei also kein Liter Gas unnütz verloren gehen. Es würde zu weit führen, die ungemeinen Vorteile dieser höchst segensreichen Einrichtung aufzuzählen; es sei daher nur noch

erwähnt, daß man durch Anschluß einer Rohrleitung an diese Heißwasser=
apparate an jeder Stelle, sei es im Bade= oder Schlafzimmer oder in der
Küche, sofort fließendes warmes Wasser abzapfen kann. Auf diese Weise
lassen sich 100 l Wasser mit einem Verbrauch von nur ca. 2 cbm Gas zum
Kochen bringen. Angesichts dieser enormen Vorteile — denkbar bequemste
und dabei billige Herstellung größerer Mengen warmen Wassers — dürften
solche Anlagen heute in keinem besseren Hause mehr fehlen, und kein
Architekt sollte es versäumen, dieselben für mittlere und bessere Haus=
haltungen von vornherein vorzusehen, bzw. sich schon bei Projektierung
von Neuanlagen rechtzeitig mit Gasfachleuten in Verbindung zu setzen.

D. Motorgas.

Bei dem ungeheuren Aufschwunge, den die Anwendung der Ma=
schinenkraft in den letzten Jahrzehnten genommen hat, nimmt der Gas=
motor eine entschieden bevorzugte Stellung ein, und zwar infolge seiner
außerordentlich bequemen und dabei billigen Betriebskraft. In neuerer
Zeit haben sich, dank der enormen Ent=
wickelung des Maschinenbaues, besonders
in der Herstellung schnellaufender Ma=
schinen (Automobilwesen) auch kleine
schnellaufende Gasmotoren über=
raschend schnell eingebürgert und in der
Praxis hervorragend gut bewährt; sie
sind nicht größer und fast nicht teurer
als ein Elektromotor von gleicher Stärke,
dabei aber im Betriebe ganz erheblich
billiger als letztere, meistens ca. 50%.
Das Verdienst, in der Herstellung wirklich
guter Schnelläufer bahnbrechend gewirkt
zu haben, gebührt der Aachener Stahl=
warenfabrik, A.=G., Aachen.

Bei verhältnismäßig geringen An=
schaffungskosten erfordert ein Gasmotor
guten Fabrikates fast keine Wartung
und läuft dabei den ganzen Tag mit
gleicher Geschwindigkeit; die Bedienung

Fig. 45.

ist, namentlich bei Schnelläufern, so einfach, daß jeder Laie ihn in Betrieb
setzen und überwachen kann.

Für jeden Kleinbetrieb dürften daher die Schnelläufer guten Fabri=
kates infolge dieser Vorzüge, der niedrigen Anschaffungs= und Betriebs=
kosten bei großer Lebensdauer, als das Ideal einer Kraftquelle zu be=
zeichnen sein.

1. Winke für Anschaffung eines Motors.

In der Auswahl des Fabrikats muß man sehr vorsichtig
sein und namentlich auf folgende Punkte achten:

    1. Man wähle nur ein erstklassiges Fabrikat, d. h. ein solches von
       einer renommierten Firma mit langjährigen Erfahrungen auf

diesem Gebiet; der geringe Preisunterschied wird durch größere Betriebssicherheit und geringere Brennkosten schnell aufgewogen.

2. Man verlange Garantie für Brennstoffverbrauch, namentlich bei gebrauchten Motoren; der Motor soll überlastungsfähig sein.

3. Man sehe auf einfache und übersichtliche Anordnung, somit möglichst einfache Bedienung.

4. Man sorge für kräftige und stabile Lagerung (bei langsam laufenden Motoren am besten liegend) und

5. für Schmiervorrichtungen, die für lange Betriebsdauer ausreichen (Ringschmierung) und sich während des Betriebes bedienen lassen.

Der Grundsatz „vom Guten das Beste" gilt also bei Anschaffung von Motoren noch in viel höherem Maße als bei anderen Gasapparaten, weil jene vielfach teurer sind. Vor allem wende man bei Ankauf gebrauchter Motoren die größte Vorsicht an.

2. Aufstellung des Motors.

Bei der Aufstellung eines Motors ist derselbe aufs sorgfältigste zu lagern; sämtliche Rohrleitungen sind sauber zu reinigen, dicht vor jedem Motor sind ein oder nötigenfalls mehrere Gummibeutel anzubringen; außerdem ist ein Gasdruckregler nötig, der die Stöße im Gase abhält; durch diesen wird der Gasdruck in der Zuleitung auf einer und derselben Höhe gehalten, unbeeinflußt durch etwaige Druckschwankungen im Rohrnetz; natürlich läßt sich hierdurch ein gleichmäßiger Gang und ein möglichst sparsamer Gasverbrauch erzielen. Nach jeder Außerbetriebsetzung wird der Absperrhahn vor dem Gummibeutel geschlossen, so daß alles darin befindliche Gas aufgebraucht wird. Der Auspufftopf mit dem Ablaßhahn soll an der tiefsten Stelle sitzen und in möglichst kurzer und gerader Verbindung angeschlossen sein. Man leite — wegen Explosionsgefahr — die Auspuffgase niemals in gemauerte Schächte.

Über die Inbetriebsetzung und Behandlung eines Motors gibt jede Lieferungsfirma besondere Anleitungen. Es sei hier nur noch auf den interessanten Aufsatz über

„Störungen im Gasmotorenbetrieb und deren Behebung"

von Herrn Gasdirektor Schäfer, Ingolstadt, hingewiesen; er erscheint alljährlich in Schaars Kalender für das Gas- und Wasserfach. Man ist leicht geneigt, bei Störungen die Schuld zuerst auf den Gasdruck zu schieben, obgleich er in den seltensten Fällen die Ursache ist.

E. Über Gasanlagen im allgemeinen.

1. Die Anlage selbst.

Die Größe und den Standort des Gasmessers (der Gasuhr) behält sich das Gaswerk nach Statut vor, weshalb es sich stets empfiehlt, vor Ausführung einer Gasanlage mit der Verwaltung des Werkes Rücksprache zu nehmen. Im eigensten Interesse jedes Konsumenten liegt es, wenn der Gasmesser in einem frostfreien, trockenen Raume steht, der leicht zugänglich und hell ist.

Gasleitungen können niemals weit genug genommen werden. Denn in den letzten Jahrzehnten ist der Gasbedarf fortwährend gestiegen, so daß die alten Leitungen fast durchweg verstärkt werden mußten. Es ist deshalb dringend notwendig, wenigstens die Hauptleitungen (Steige=leitungen) von vornherein so stark ausführen zu lassen, daß sie für Leucht=, Koch= und Heizzwecke (Badeöfen usw.) in allen Stock=werken reichlich genügen; denn die Mehrkosten für stärkere Rohr=leitungen stehen in keinem Verhältnis zu den Kosten späterer Verstärkungen. Auch werden Leitungen, besonders an Biegungen usw. mit der Zeit von selbst verengt durch Ansetzen von Rost usw. Dadurch wird der Gasdruck infolge stärkerer Reibung des Gases noch mehr verringert, so daß das Gas an Leuchtkraft und Energie verliert.

Ein guter, möglichst gleichmäßiger Gasdruck ist aber die Vor=bedingung für ein gutes Funktionieren aller Gasapparate, seien es Leucht= oder Kochbrenner; mit höherem Drucke wächst die Leuchtkraft und Energie der Flamme, allerdings auch der Gasverbrauch. Ob die Einschaltung von Druckregulatoren empfehlenswert ist, richtet sich ganz nach den jeweiligen Umständen; wenn einerseits auch eine gewisse Gasersparnis damit erzielt wird, so ist doch anderseits auch eine Verminderung des Gasdruckes damit verbunden.

2. Die Bedienung der Anlage.

Eine viel umstrittene Frage ist die über die Bedienung des Haupthahnes, und zwar ob er nachts über geschlossen werden soll oder nicht. Wie schon oben bemerkt, sind Absperrhähne für Gaskocher, Plätten usw., namentlich vor Schlauchverbindungen, nach Gebrauch stets abzuschließen; dadurch wird sicher verhütet, daß Gas durch Un=dichtigkeiten, Abrutschen des Schlauches, Platzen der Schlauchmuffen u. dgl. entströmt. Auch ist dagegen nicht viel einzuwenden, daß der Haupthahn an der Gasuhr für eine einfache Kochanlage mit Leuchtflamme oder für einen einzelnen Raum (Laden usw.) nachts über abgestellt wird. Es ist dagegen unter allen Umständen zu verwerfen, Gasanlagen für eine größere Wohnung oder gar ein ganzes Haus nachts über ab=zustellen. Denn dann kann es nur zu leicht passieren, daß irgend ein offener Gasauslaß, sei es ein Zündflämmchen oder gar ein im Betrieb befindlicher Gasofen, durch diesen Haupthahn mit abgeschlossen wird; am andern Morgen, bei Wiederöffnen des Haupthahnes, wird dann niemand daran denken, erst diese Hähne zu schließen, und es können dadurch — namentlich in der Dunkelheit — die schwersten Explosionen oder sonstwelche Schäden entstehen. Ganz abgesehen davon wird das Gas auch nachts häufig gebraucht und leistet dann gerade die besten Dienste.

Gewiß ist der Haupthahn dazu da, etwaige Gasausströmungen zu=nächst sofort durch Schließen desselben abzustellen. Danach muß aber auch die Anlage schnellstens und gründlich gedichtet werden; denn un=dichte Gasleitungen sollen und dürfen keinesfalls geduldet werden. Jeder Gasverbraucher kann die Leitung auf die Dichtigkeit hin selbst untersuchen, wenn er bei geöffnetem Haupthahn, nach Abschließen sämtlicher Verbrauchs=stellen (besonders auch der Zündflammen!), den Literzeiger an der Gas=uhr verfolgt, und zwar am besten zu einer Zeit, wo sonst kein Gas gebraucht wird. Dieser Literzeiger soll dann bei Gasanlagen mittlerer Ausdehnung überhaupt nicht weitergehen. Es darf also auch bei geöff=netem Haupthahn kein Gas durch die Leitungen verloren gehen. Dies ist die erste und unerläßliche Anforderung an eine gute Gasleitung.

Eine vielverbreitete Ansicht ist die, daß man durch Kneifen (teil=
weises Schließen) des Haupthahnes Gas spare. Dies ist durchaus ver=
kehrt; es sollen bei vollgeöffnetem Hahne eben sämtliche Brenner und
Gasapparate so eingestellt sein, daß sie bei dem zur Verfügung stehenden
Gasdrucke richtig und sachgemäß brennen.

Häufig hört man Klagen von Konsumenten darüber, daß die Uhren
falsch zählen; dies ist nahezu unmöglich, weil alle Uhren amtlich geeicht
und natürlich mit Eichstempeln versehen sind, nachdem sie von dem betreffen=
den Gasmesserfabrikanten eingehendst vorgeprüft worden sind. Es kann
nur vorkommen, daß das Werk innen undicht wird, wodurch die Uhr zum
Schaden des Gaswerks zählt. Nasse Gasmesser bedürfen von Zeit zu Zeit
der Nachfüllung und öfteren Kontrolle; sonst können leicht Störungen in
der Gaszuströmung eintreten. Auch kann eine Gasuhr nicht richtig arbeiten,
wenn sie ebenso wie die anschließende Leitung zu klein ist und nicht ge=
nügend Gas durchläßt. Sind aber bei der Aufnahme der Uhrenstände
Ablesefehler vorgekommen, so gleichen sich diese am folgenden Monate von
selbst aus. Schließlich wolle man bei etwaigen Differenzen stets bedenken,
daß die Gasuhr auch das Gas zählt, welches unnützerweise verbrannt wird
oder durch Undichtigkeiten entweicht.

Schlußbemerkungen.

Es sei noch darauf hingewiesen, daß man bei Benutzung des Gases
eine gewisse Vorsicht nie außer acht lassen darf; denn jede technische Neue=
rung erfordert Verständnis und Aufmerksamkeit in der Benutzung und
Unterhaltung. Je mehr daher alle Schichten der Bevölkerung mit der An=
wendung des Gases vertraut werden, um so mehr werden die damit ver=
bundenen Gefahren verschwinden. Denn leider sind die Unglücksfälle, die
durch Gas entstehen, zum weitaus größten Teile auf unglaubliche Fahr=
lässigkeit der an den Gasanlagen beschäftigten Leute oder auf leichtsinnige
Behandlung der Gaseinrichtungen zurückzuführen. Sie können also bei
einiger Vorsicht ganz ausgeschaltet werden.

Das Gas enthält Kohlenoxyd, es kann daher als Gift wirken, aber
nur dann, wenn es in einem geschlossenen Raume in großer Menge aus=
strömt; es verrät sich aber schon durch seinen penetranten Geruch, bevor
es schaden kann. Jedenfalls sind Kohlenoxyd=Vergiftungen durch defekte
Zimmeröfen und dergleichen viel häufiger, ebenso die Todesfälle durch elek=
trischen Strom, obgleich das Gas wenigstens zehnmal mehr verbreitet ist
als Elektrizität. Ein mit Leuchtgas Vergifteter muß schnellstens
durch kräftiges abwechselndes Ausstrecken der Oberarme und Drücken der=
selben auf die Brust zum Atmen gebracht werden, natürlich in frischer
Luft und nach Entfernung aller beengenden Kleidungsstücke. Die Haut=
tätigkeit ist durch frische Umschläge anzuregen. Daneben sind schwarzer
Kaffee, Kognak, Essigäther auf Zucker zu reichen, oder es ist Salmiak
unter die Nase zu halten. Der Arzt ist selbstverständlich sofort herbei=
zuholen. Häufiger als Vergiftungen sind Explosionen. Es ist eine

bekannte Tatsache, daß Gas nur brennen kann, wenn es in die Luft aus=
strömt und entzündet wird. Ebenso kann es nur explodieren, wenn
es mit Luft gemischt wird, und zwar mit mindestens der
4 fachen und höchstens der 13 fachen Menge; selbstverständlich auch
nur unter Hinzutritt von Feuer; es kann also nur in geschlossenen Räumen
explodieren, wenn durch Zufall oder infolge Leichtfertigkeit viel Gas un=
verbrannt ausströmt. Man betrete daher Räume mit Gasgeruch nie=
mals mit Licht und lösche auch die Lampen in den Nebenräumen; dann
schließe man sofort den Haupthahn der Uhr und sorge durch
Öffnen der Fenster und Türen für kräftigen Luftdurchzug.
Natürlich ist die Gasanstalt sofort zu benachrichtigen. Die
Gasanlage darf unter keinen Umständen abgeleuchtet werden. Be=
sondere Vorsicht ist in den oberen Schichten des betr. Raumes geboten,
da sich das Gas dort bekanntlich am ehesten ansammelt. Brände ent=
stehen nach versicherungsseitigen Statistiken verhältnismäßig sehr wenig
durch Gas, erheblich mehr aber durch elektrischen Strom und etwa vier=
mal mehr durch Petroleum.

Auf einen sehr wichtigen Punkt sei hierbei noch hingewiesen. Küchen,
Baderäume usw. mit Gasapparaten sind besonders gut zu lüften, nament=
lich wenn sie klein sind. Denn eine ordentliche Verbrennung kann nicht
stattfinden, wenn es an frischer Luft fehlt und die verbrauchten Abgase
nicht abziehen können. Außerdem erzeugen diese unter Umständen Kopf=
schmerzen, Schwindel oder in schwierigeren Fällen noch ernstere Gesund=
heitsstörungen.

Nachstehend seien noch einige Zahlen zum Vergleich verschiedener Be=
leuchtungsarten genannt, aus welchen die wirtschaftliche Überlegenheit des
Gases vor allen anderen unzweifelhaft hervorgeht:

Lichtart	Verbrauch pro Stunde	Kosten Pf.	Leucht= kraft in HK	Kosten für 100 HK
Stearinkerze	11,0 g × 0,15 Pf.	1,65	1,2	138 Pf.
Petroleum 20′′′	0,141 l × 20 „	2,82	30	9,4 „
Spiritusglühlicht 14′′′ . .	0,072 l × 40 „	2,88	60	4,8 „
Leuchtgas.				
Schnittbrenner	0,140 cbm × 20 Pf.	2,80	14	20,0 Pf.
Auerglühlicht	0,120 „ × 20 „	2,40	80	3,0 „
Hängeglühlicht	0,090 „ × 20 „	1,80	100	1,8 „
Preßgas — stehend . . .	0,960 „ × 20 „	19,20	1200	1,6 „
Preßgas hängend . . .	0,900 „ × 20 „	18,00	2000	0,9 Pf.
Elektrizität.				
Kohlenfadenlampen . . .	0,056 KW × 60 Pf.	3,36	16	21 Pf.
Osmium=Tantallampen .	0,048 „ × 60 „	2,88	32	9 „
Bogenlicht mit Glocke . .	0,440 „ × 60 „	26,40	400	8 „
Flammenbogenlicht . . .	0,440 „ × 60 „	26,40	1880	1,4 „

In der letzten Spalte sind die Kosten für 100 Lichteinheiten (Hefner=
kerzen = HK) angegeben; man ersieht hieraus einmal, wie sich diese Kosten
von der Stearinkerze bis zum Hängeglühlicht allmählich außerordentlich
verringert haben; ferner ergibt sich, daß das elektrische Licht fast fünfmal

teurer ist als das Hängeglühlicht. Auch beim Vergleich der Intensiv=
beleuchtung (mehr als 1000 Kerzen) stellen sich die Kosten für Preßgas
entschieden günstiger als für das Flammenbogenlicht einschließlich aller
Nebenkosten für Unterhaltung 2c. Nach alledem ist es wohl zu verstehen,
wenn das Gas bisher gegenüber der Elektrizität seine Stellung nicht nur
behauptet, sondern sogar verlorene Gebiete zurückerobert und sich immer
weitere Absatzgebiete erschlossen hat.

Zum Schlusse sei nochmals darauf hingewiesen, daß das Gas von
einschneidendster Bedeutung für das ganze wirtschaftliche Leben geworden
ist, und es ist nach menschlicher Berechnung wohl ausgeschlossen, daß es in
seiner Vielseitigkeit durch irgendetwas anderes je verdrängt werden könnte.
Aus diesem Grunde erscheint es fast unerläßlich, daß jedes neue Ge=
bäude ohne Ausnahme von vornherein mit Gasrohrleitung ver=
sehen und an das Gasrohrnetz angeschlossen wird. Ein mit seiner Zeit
fortschreitender, gewissenhafter Architekt wird es daher niemals unterlassen,
schon bei Ausarbeitung der Baupläne seine Dispositionen über Hauptlei=
tungen, Gasmesser, Abzugsrohre 2c. zu treffen, auch für den Fall, daß die
betr. Apparate vorerst noch nicht beschafft werden sollten. Bei schon be=
stehenden Gebäuden sollte jede Gelegenheit (Umbauten, Reparaturen) zum
Anschluß benutzt werden. Der Wert des Gebäudes wird dadurch wesent=
lich erhöht, weil die Mieter solche Wohnungen stets bevorzugen.

Im eigensten Interesse wählen wir niemals nach dem Grundsatze:
„Billig, aber schlecht", sondern stets: „Vom Guten das Beste." Das
möge ganz besonders auch der Gasinteressent bei Anschaffung einer Gas=
einrichtung, gleichviel welcher Art, beherzigen. Dann wird ihm die An=
lage außerordentliche Annehmlichkeiten und damit die größte Freude be=
reiten, und er wird das Gas schon aus eigenem Antriebe in seinen Kreisen
warm empfehlen. Das trägt zu einer immer weiteren Verbreiterung des
Gasabsatzgebietes in allen Schichten der Bevölkerung bei, wodurch die
Gaswerke dann auch in die Lage gesetzt werden, die weitgehendsten Er=
leichterungen im Gasbezuge zu bieten.

Mögen auch diese Ausführungen dazu beitragen, dem Gase immer
mehr gute Freunde zu erwerben, so daß es in Zukunft nicht nur heißt:

Kein Haus ohne Gas!

sondern vielmehr:

„Überall Gas!"

1

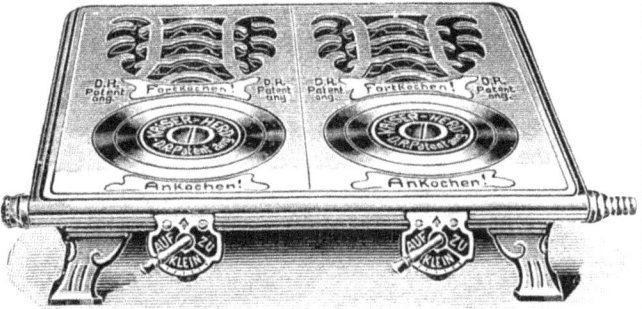